U0260384

中国苏州“怡园”（摄影：王

中国古典园林史年表

宁晶 著

中国电力出版社

内容提要

中国园林具有源远流长的历史与脉络传承，每一时期和阶段的园林特征各不相同，但都反映了那一时期的历史人文特征。本书按照中国历史的发展脉络，以年表的形式对中国园林发展的历史事件进行梳理，同时将与之相对应的同时代的文化活动对照列出，力图将各个历史时期的造园活动和有记载的建成的园林以及与中国园林相关的著作直观地展现在读者面前。

本书适合高等院校园林景观、建筑学专业师生阅读，同时也可为园林史研究、建筑史研究及历史研究等相关领域的学者提供相应的参考与帮助。

图书在版编目（CIP）数据

中国古典园林史年表 / 宁晶著. —北京：中国电力出版社，2019.7
ISBN 978-7-5198-3170-7

Ⅰ. ①中… Ⅱ. ①宁… Ⅲ. ①古典园林－建筑史－中国－年表 Ⅳ. ①TU-098.42

中国版本图书馆CIP数据核字（2019）第096432号

中国电力出版社出版发行
北京市东城区北京站西街19号 100005 http://www.cepp.sgcc.com.cn
责任编辑：王 倩（010-63412607）
责任印制：杨晓东 责任校对：黄 蓓 常燕昆
北京盛通印刷股份有限公司印刷・各地新华书店经售
2019年7月第1版・第1次印刷
889mm × 1194mm 1/16・10.5印张・280千字
定价：78.00元

前言

中国园林文化是中国传统文化的重要组成部分，其造园技术和独特的造园手法在世界园林史和造园史上独树一帜，不同于其他文化和文明的特色，有其独特的世界地位。中国的园林文化从萌芽到最终成熟经历了上千年的发展和演变，其造园活动和造园技术、园林的风格和形式等都与时代的变迁、民族的融合、审美情趣的变化及社会政治经济情况等有着密不可分的关系。其发展和演变，以及形式和风格的成熟过程与文化艺术、人们的审美、生活方式和宗教等多种元素并驾齐驱，与时代和生活在那个时代当中的人们的心境、处境、世界观、价值观、审美倾向，以及当时人们的生活情趣与宗教信仰紧密相关。拥有几千年悠久历史的中国园林，历代学者曾以不同视角对其进行过不同角度的深入论述，但由于历史上曾经有记载的园林实物绝大多数已无实存，特别是明清之前的大部分园林有些毁于战火不复存在，有些因园主家道中落变卖给他人而易名，实际上记载情况已非常混乱。能否编写出一本尽可能简单明了、提纲挈领地使得读者能够在非常短的时间内对中国悠久的园林文化有整体把握的书籍，成为笔者多年的一个愿望。

自20世纪90年代初，笔者开始试着以编年表的方式对中国传统园林的内容进行整理。之所以采用年表的方式来进行梳理，是因为年表这种形式不仅直观，而且可以一目了然地呈现出中国园林文化的发展轨迹。由于有关园林研究的内容比较分散，加之年表制作初期采用的是手工列表的方式，年表制作的进展速度缓慢。伴随计算机的普及，之前手工黏贴的年表内容不断数据化，1996年终于初步完成了基本性的框架搭建工作。2012年中国电力出版社的周娟和王倩两位编辑在得知我所进行的一系列“中国园林史年表”的制作和研究工作后，立即发出了出版邀请，于是这项园林年表的整理工作得以进入正式的整理出版阶段。经过两年多的内容增加和编辑出版，2014年初版的《中国园林史年表》正式问世。该年表出版后的第二年（2015年），《中国园林史年表》由日本出版社“左右社”译成日文，以《中国庭园全史》为名在日本正式出版发行。随后笔者又在2014《中国园林史年表》初版的基础上对书中有关内容进行了进一步修订，增补了一些内容，于2016年整理出版了《中国园林史年表（修订版）》。而本次出版的《中国古典园林史年表》，在保留原《中国园林史年表》及修订版中条目、内容不变的基础上，增加了中国各个历史时期与中国园林相关的文学、绘画等文化活动，增补了对园林形式和风格起着重大影响作用的山水题材的绘画、诗词及文学作品等方面的内容，增加了园林发展过程中相关的社会、文化大事件和社会活动等内容。

这本《中国古典园林史年表》以中国历史发展的脉络为主轴，以编年史性质的年表形式将中国各个历史时期的造园活动和有记载建成的或曾经建成的园林及与园林相关的社会文化活动进行了整体的梳理，将中国园林文化从旧石器时代开始到公元1911年为止的浩瀚历史长河中的萌芽与发展、演变的轨迹，以年表系谱形式清晰呈现。其将为进一步深入挖掘和研究每一个时期园林文化与当时社会之间的关系，以及其特征所形成的背景原因与各个时期的相互发展关系，提供一个较为直观的基础性研究数据。其将便于广大读者能够快速、简要地了解和掌握中华传统园林文化的发展，直观地看到中国园林萌芽、产生、发展的轨迹，看到中国园林在不同历史时期造园活动的兴衰，看到中国园林形式和风格变迁、演变及最终成熟、定型的轨迹；同时更为专业研究人员进行学术研究寻找切入点提供基础资料和数据依据。

本书在编写过程中由于时间跨度大、数据量浩大，以及笔者水平的局限性，尽管已尽力保证内容的准确性，但现实中估计难免会出现错误和遗漏之处，借此机会，恳请学界同仁和广大读者能对本书所出现的问题及时给予指正、告知。笔者真诚地期待本书能在大家的共同努力下不断完善。必须声明一点的是，本书在编写的过程中参考并吸收了大量的学术界及相关各界的研究成果，如果没有这些学者们的辛勤工作，完成此稿是不可能的，谨此向各界学者前辈致以深深的谢意。本书可为今后准备进行中国园林历史研究的读者提供帮助和参考，希冀能够对我国传统文化的挖掘与再发现，以及重新认识起到推动的作用。

宁　晶

2019年1月于北京

年表读解示例

年表以横向时间轴为记录方式，对园林发展的脉络进行整体的罗列和梳理。年表中纵向条目依次为“历史年代”“园林发展历史事件”“文化活动”“备注”。

体呈现形式如下图所示。

历史年代	清朝							
	1770年							
	1770年	1771年	1772年	1773年	1774年	1775年	1776年	1777年
园林发展历史事件	• 原是康熙帝十三皇子怡亲王允祥的赐园交辉园正式归入圆明园，定名绮春园，改悬匾额 • 1770年左右，解甲归田的光禄寺少卿宋宗元购得苏州万卷堂渔隐并重建，定园名为网师园。乾隆末年园归瞿远村，按原规模修复并增建亭宇，俗称瞿园。钱大昕（1728-1804年）曾作《网师园记》。沈德潜（1673-1769年）曾作《网师园图记》，生动地描绘过名园雅集的情景 • 潘有为于广州建六松园，又名东园，其中的六松园古石桥又名福荫桥，现在尚存	• 北海北岸小西天建成，又名观音阁、极乐世界 •《南巡盛典》120卷完成，高晋等纂辑。书中附有南巡沿途名胜的插图160幅	• 开始营建位于紫禁城东北部宁寿宫西路的花园，即宁寿宫花园，1776年竣工。该园是为乾隆皇帝“归政授玺”后游憩预备的，后来被人们叫作乾隆花园 • 乾隆下令疏浚团河后开始动工修建团河行宫，于1777年竣工。团河行宫是南苑四座行宫中规模最大的一座	• 疏挖南旱河，将香山一带泉水引至玉渊潭，并扩大玉渊潭水域面积，使之成为京城西部蓄水调洪湖泊。尔后，又重修钓鱼台，建养源斋、潇碧轩、澄漪亭等，使钓鱼台成了皇帝的行宫	• 钓鱼台行宫始建，1778年竣工 • 于绮春园内设置管园总领	• 顾云请吴渔门绘《蒲塘十二园图》，并题写了律诗十二首，同时题诗的还有吴经元、吴合纶二人。古镇白蒲在清代中叶名园众多，后大多被毁。除上述十二园之外还有四世读书堂、白蒲书屋、薑芥园、潇湘馆、西园等的记载	• 清代学者毕沅（1730-1797）在陕主政期间，编撰成《关中胜迹图志》三十卷，是研究陕西历史地理及文物古迹，尤其是周秦汉唐史迹的重要文献，在学术界早有“孤本难觏”之叹 • 和珅开始修建豪华宅第，时称“和第”	• 知县范国泰重新修缮金鳌山，并增设亭台楼榭等园林景观
文化活动			• 开始汇编《四库全书》	•《乾隆平定准部回部战图》在法国印成		• 在东路文华殿之北建造了文渊阁藏书楼		• 戴震（1724-1777年）卒，著作有《筹算》《考工记图注》《勾股割圜记》《周髀北极璇玑四游解》等
备注								

历史年代	清朝							
			1780年					
	1778年	1779年	1780年	1781年	1782年	1783年	1784年	1785年
园林发展历史事件			• 由台湾知府蒋元枢在常熟城北辛峰巷建燕园 • 苏州徐氏东园内瑞云峰移至织造府行宫 • 蒋元枢在常熟城北辛峰巷建宅园，取名蒋园。1829年，泰安县令蒋因培重新修葺，并请造园家戈裕良设计，改名燕谷，又称燕园或燕谷园		• 为珍藏《四库全书》，始建杭州文澜阁，一年后建成。1861年焚毁，1880年重建		• 上海邑庙灵苑拓地池筑堤累石，建成二十四景 • 奉旨兴建扬州重宁寺。重宁寺与天宁寺、建隆寺、慧因寺、法净寺、高旻寺、静慧寺、福缘寺并称为清代扬州八大名刹 •《江南园林胜景图》成书	•《日下旧闻考》印行，其中八十、八十一、八十二卷专记圆明园。另外还记述了六处于顺天府辖境内的建置的小型行宫，有汤山行宫、怀柔行宫、刘家营行宫、罗家桥行宫、要亭行宫、烟郊行宫 • 徽商洪旃林于汉口建宅园，取名谁园
文化活动			• 扬州建文汇阁，又称御书楼	• 沈宗骞著《芥舟学画编》	•《四库全书》完成			
备注								

凡　例

1. 本年表继承中国传统史学编年体史书之传统，上起史前社会，下止1911年清王朝灭亡。
2. 本年表涉及的历史年代，主要依据商务印书馆《现代汉语词典》（第7版）附录中的《中国历史纪元表》，以及中华书局《中国历史纪年表》编制，并做了部分调整。
3. 本年表所记载的园林发展历史事件，包括园林的营建、修缮、拆除、损毁、更名等诸多方面，尽可能地反映园林发展历史全貌。已有史料可循的，力求确切到具体年份。无确实年代、仅记载为某一时期的园林活动，在此均统一标注活动的起始年份。
4. 本年表所列的文化活动，或与园林历史发展相关，或为关乎社会发展进程且留下深刻历史印迹的重要内容，力求将各时期的园林活动还原于所处时代的文化背景，以助全面深入地了解园林历史发展的整体脉络。

旧石器时期							新石器时期								
							黄河文明时期		仰韶文明时期						
约100万年前				约1万年前			约前5000年				约前4000年				约前3000年
约100万年前	约60万年前	约50万年前	约10万年前	约1万年前	约前7000年	约前6000年	约前5000年	约前5000-前4000年	约前5000-前3000年	约前4400-前3300年	约前4000年	约前3500年左右	约前3300-前2900年	约前3300-前2200年	约前3000年
约170万年前在中国大陆出现人类——元谋猿人（1965年在云南省元谋县发现元谋猿人的牙齿化石）	• 60万年前-50万年前，蓝田猿人（1963年在陕西省蓝田县发现蓝田猿人的头骨化石）	• 50万年前-40万年前，北京猿人（1927-1929年在北京郊区周口店发现北京猿人的化石）	• 传说中的伏羲时代		• 前7000年左右，传说中的神农时代 • 前7000年左右，原始农耕起源，开始制陶	• 前7000-前6000年，甲、骨、陶、石上出现契刻符号	• 前5500-前4800年，磁山文化、裴李岗文化、李家村文化	• 黄河文明——世界最古老的文明之一 • 河姆渡文化，开始烧制黑陶 • 马家浜文化	• 仰韶文化。制陶技术成熟，彩陶发达	• 大溪文化		• 红山文化	• 马家窑文化	• 良渚文化。出现玉器、刻纹黑陶等	

		五帝时期	龙山文化时期	夏					商						
					前2000年										
	约前3000-前2600年	约前2900-前2100年	约前2300年	约前2070年	约前2000年	约前1900年	约前1800年	约前1700年	前1600年	前1500年	前1400年	前1300年	前1200年	前1100年	前1099年
		• 山岳崇拜			• 据［宋］虞汝明的《古琴疏》记载："帝相元年，条谷贡桐、芍药，帝令羿植桐于云和，令武罗伯植芍药于后苑。"《古琴疏》的这段文字是野生牡丹进入人类宫院的最早记载			• 据《竹书纪年》记载，夏桀"筑寝宫、饰瑶台、作琼室、立玉门"				• 贵族园林的萌芽，出现"囿""园""圃"			• 前1099-前1061年，周文王修建"灵囿""灵台""灵沼""灵圃"
	• 屈家岭文化		• 龙山文化。掌握夯筑技术，制作土坯，烧制石灰。高温烧制彩陶、黑陶	• 开始出现城市		• 前1900-前1500年，出现二里头陶塑。陶塑灰黑，塑有蟾蜍、龟、羊、猪等动物形象 • 前1900-前1500年，二里头铜爵为已知中国最早的青铜容器			• 修建偃师商城 • 修建郑州商城、黄陂盘龙城商城			• 开始使用甲骨文——汉字的起源 • 三星堆文化——巴蜀文化	• 前1250-前1192年，青铜铸造发达		
									• 今苏州、无锡一带在商（殷）时期被称为荆蛮之地			• 在商朝的甲骨文中有了园、圃、囿等字，而从其活动内容可以看出囿最具有园林的性质			

商			西周											
									前1000年					
前1075年	前1060年	前1050年	前1046年	前1042年	前1030年	前1027年	前1020年	前1010年	前1000年	前995年	前980年	前976年	前960年	前950年
殷纣王于商城外朝歌城内建台,《水经注》说鹿台的别名南单之台，殷王建沙丘苑台														
			•《诗经》是我国最早的一部诗歌总集，大约成书于春秋中期，最早的作品产生于西周初年，最晚的作品产生于春秋时期 • 出现于商朝， 西周开始井田制成熟	• 成王大规模修建成周，迁殷遗民										
“台”是最早进中国园林中的观元素			• 西周时开始，“囿”具有了游观功能，囿内筑高台象征山岳——园林的雏形 • 西周时开始，“园”“圃”并称，并逐渐兼有观赏的目的 • 人们开始把大自然作为整体的生态美来认识， 山水审美观念确立（西周时始见于文字记载）			• 迁都镐京（今陕西西安）			• 严格的等级制度形成					

西周

前900年 前800年

前940年	前930年	前922年	前910年	前900年	前899年	前891年	前885年	前877年	前860年	前850年	前841年	前830年	前827年	前810年	前800年
													• 前827-前782年，平遥古城墙开始兴建 • 据《吴门表隐》卷十一载：“周吴武真宅在钮家巷。……。宣王时有凤集其家，中有池，因名凤池。”周宣王在位时期是前827-前782年。吴武真宅院是我国最早载入志乘的名人第宅庭院。		
											• 周召共和，中国历史明确的纪年开始。封建制度开始				

西周			东周												
			春秋时期												
					前750年						前700年				
前789年	前782年	前781年	前770年	前760年	前750年	前740年	前730年	前722年	前719年	前710年	前700年	前696年	前694年	前690年	前680年
驻守吴地的泰伯第十六世孙吴武真在其驻地建宅筑池，取名“凤池”，是为苏州最早的私家园林。据《吴门表隐》卷十一载：“周吴武真宅在钮家巷……，宣王时有凤集其家，中有池，因名凤池”。此为最早的关于苏州私家宅第园林的记载	• 周幽王继位。继位之后于骊山修建“幽王城”和“骊宫”		• 春秋战国时期出现离宫别苑建设的高潮 • 前770-前481年，郑有原囿，秦有具囿，鲁有鹿囿、郎囿，宋有桑林，楚有云梦，燕有沮泽										• 前694-前686年，齐襄公建齐国宫苑		• 鲁公一年内筑三台（董仲舒《春秋繁露》）
			• 铁器出现					• 编年史《春秋》记事开始，该编年史记事止于前481年							

• 春秋战国时期，“台”与“囿”结合，以“台”为中心的贵族园林形式比较普遍。“高台榭，美宫室”成为这个时期的时尚
• 春秋战国时期，“台”“宫”“苑”“囿”等称谓相互混用，均表示贵族园林
• 春秋战国时期的绘画也有相当大的发展，有壁画、帛画、版画等，主要绘人物、鸟、兽、云、龙和神仙等

东周

春秋时期

前650年

前679年	前676年	前672年	前663年	前660年	前657年	前655年	前651年	前643年	前640年	前636年	前630年	前620年	前618年	前613年	前612年
• 前679-前645年，管仲（?-前645年）于山东平阴建三归之台	• 前676年左右，齐桓公于山东建行宫柏寝台，原称路寝 • 前676-前651年，晋献公于山西太平建斗鸡台	• 楚成王于今江陵边水泊之中的小洲上建渚宫	• 于大明宫北面的中部低洼处凿太液池 • 据康熙马得桢纂《鱼台县志》记载:郑庄公三十有一年（前663年）:“春，筑台于郎”。昭公九年（前533年）:“冬，筑郎囿”		•《史记· 齐太公世家》记载，前657年，齐桓公和夫人蔡姬在申池乘船游玩。申池是齐国皇家园林			• 鲁僖公在鲁国都城曲阜东南兴建泮宫，来倡导礼乐文化		• 前636-前628年，晋文公于山西闻喜建晋武宫、曲沃宫 • 前636-前628年，晋文公于山西太原建神林介庙	• 秦穆公作凤台	• 前620-前607年，晋灵公于山西绛县建虒祁宫			
						• 测知冬至时日								•《春秋》记载彗星出现	

东周

春秋时期

前600年　　　　前550年

前606年	前590年	前585年	前579年	前576年	前571年	前560年	前552年	前551年	前550年	前549年	前547年	前544年	前535年	前530年	前520年
		• 吴王寿梦（前620-前561年）继位。寿梦在位期间，奠定吴国的强盛基础，始称吴王。据唐陆广微《吴地记》记载，吴地最早的苑囿为夏驾湖："夏驾湖，寿梦盛夏乘驾纳凉之处。凿湖为池，置苑为囿"		• 前576-前559年，卫献公建卫国宫苑			• 晋平公于山西沁州建铜鞮宫			• 周灵王起昆昭之台	• 齐景公在位期间（前547-前490年）建雪宫，位于今淄博市东北。齐宣王时在城外大规模营建新的雪宫作为离宫		• 楚灵王于湖北潜江兴建章华台，这是"高台榭"的代表，被誉为当时的"天下第一台"		
					• 老子（约前571-前471年）出生			• 孔子（前551-前479年）出生。春秋末期的思想家与教育家、政治家，儒家思想的创始人							

东周

春秋时期

前500年

	前519年	前514年	前510年	前507年	前505年	前504年	前500年	前498年	前497年	前495年	前494年	前490年	前486年	前484年	前480年
		• 吴王阖闾命伍子胥营建姑苏城 • 前514-前496年，吴王阖闾在苏州建华林园 • 前514-前496年，吴王阖闾、夫差在苏州建虎丘为离宫别馆 • 前514-前496年，建消夏湾，吴王的避暑离宫 • 前514-前496年，吴王阖闾、夫差在苏州西南建长洲苑 • 前514-前496年，吴王阖闾在位期间建多处游玩之处，如华池、流杯亭、苑桥、定跨桥、射台、南城宫、石城。此外兴建的苑囿还有锦帆泾等30余处			• 吴王阖闾兴建姑苏台，建长洲苑 • 吴王于江苏吴县建梧桐园，吴国宫中的前园	• 吴国立夫差为太子，并使之守楚留止，阖闾自己则开始在吴城内外大建宫室			• 夏季，鲁国修筑蛇渊囿	• 前495－前473年，吴王夫差为西施修建馆娃宫、玩花池、琴台等，馆娃宫是中国历史上一座比较完备的早期园林 • 前495－前473年，吴王夫差建锦帆泾、吴宫乡	• 前494－前481年，吴王增建姑苏台	• 勾践命范蠡在绍兴卧龙山（现府山）上建越王台	• 扬州城建成，吴王夫差开邗沟、筑邗城	• 建吴宫后园。据赵晔撰《吴越春秋》记载，吴宫中有前园和后园，园中以植物为主景，鸟语花香。此后园即为吴宫后园	
				• 土木工匠与戏班的祖师鲁班（前507-前444年）出生				• 孔子周游列国					• 吴王夫差开通邗沟，连接江淮二水。此为南北大运河开凿最早的一段		• 前480-前222年，《考工记》成书，《山海经》约于此时记录成文

东周

战国时期

前450年 前400年

前475年	前470年	前468年	前455年	前453年	前450年	前445年	前441年	前440年	前439年	前433年	前425年	前410年	前403年	前401年	前400年
• 前475-前425年，赵襄子于山西和顺建赵襄子台，并建避暑离宫，内设鹿苑，又建游圃、游囿									• 魏文侯封邺，把邺城当作魏国的陪都。古邺城为齐桓公所筑，当时名为葵丘						
		• 墨子（前468-前376年）出生	• 李悝（前455-前395年）出生							• 制作曾侯乙墓雕塑			•《资治通鉴》记事开始 • 春秋战国时期，开始使用铁农具，开始铸造金属钱币（刀钱、布钱等）。农商工业发达		

东周

战国时期

前350年

前395年	前386年	前385年	前382年	前380年	前375年	前374年	前372年	前369年	前368年	前365年	前361年	前356年	前350年	前340年	前339年
	• 燕王于燕下都建钓台、金台、阑马台、仙台		• 楚国开始吴起变法							• 前365-前290年，建漆园，传说中战国时代庄周居住的处所中的园林	• 秦孝公始建上林苑 • 前361-前338年，秦孝公建章台离宫	• 前356-前320年，齐威王出游瑶台，极土木之巧。作琅琊台，依山临海 •［汉］刘向《说苑·奉使》："楚使使聘于齐，齐王飨之梧宫。"宫侧有层台秀起	• 商鞅在修建咸阳城时，仿照鲁国和卫国的建筑"大筑冀阙"		
• 商鞅（前395-前338年）出生				• 孙膑（前380-前320年）出生		• 齐国设"稷下学宫"	• 孟子（前372-前289年）出生	• 庄子（约前369-前286年）出生。"天人合一"的思想体系最早源于老庄思想							• 屈原（约前339-前278年）出生
	• 战国七雄局面形成（秦、楚、齐、燕、韩、赵、魏）				• 秦为户籍部伍							• 秦商鞅变法	• 秦迁都咸阳 • 商鞅颁布第二次变法令		

东周

战国时期

前300年

前337年	前325年	前320年	前319年	前316年	前314年	前313年	前311年	前310年	前307年	前306年	前300年	前298年	前288年	前281年	前270年
• 前337年开始，秦惠文王继续营建上林苑	• 前325-前299年，赵武灵王于河北邯郸建丛台，又名龙台，因多台垒列而名丛台，至今犹存		• 前319-前301年，齐宣王始建琅邪台离宫 • 前319-前300年，齐宣王起渐台五重，上饰金玉珠翠 • 前319-前300年，齐有雪宫，宫内设有苑囿台池，禽兽鱼鸟				• 前311-前279年，燕昭王建神仙台，传昭王于此求仙 • 前311-前279年，昭王建灵台	• 燕昭王筑黄金台，又名招贤台，位于河北省定兴县		• 前306-前250年，秦昭王于周至、扶风境内建射熊馆		• 前298-前263年，楚襄王建楚王池、阳云台			
									• 胡服骑射					• 韩非子（约前281-前233年）出生	

前262年	前260年	前256年	前250年	前249年	前248年	前246年	前238年	前230年	前225年	前222年	前221年	前220年	前219年	前218年
东周											秦朝			
战国时期														
			前250年											
• 楚国春申君黄歇于苏州建桃夏宫、吴市、吴诸里大闬、吴狱庭			• 秦发生严重的饥荒，应侯范雎建议向饥民发放皇家五大苑囿里的草著蔬菜橡果枣栗以活民（《韩非子·外储说右篇》）		• 楚国春申君黄歇开始对荒废了200余年的吴城宫室重加修造						• 秦始皇统一六国之后，开始大咸阳规划的实施，并开始大规模的宫苑建设，中国历史上开始出现真正意义上的皇家园林 • “天人合一思想” 开始在宫苑设计中体现 • 秦始皇统一六国后明确五岳成为山岳崇拜祭祀的代表 • 前221-前210年，秦始皇始建温泉离宫，名骊山汤 • 秦灭六国，据记载每灭一国，即在首都咸阳北坂上仿六国宫室，建造离官六所	• 秦始皇建信宫于渭水之南，后更名信宫为极庙，又称咸阳宫 • 修筑驰道，中央为天子道，两侧植青松，其外侧为旁道	• 秦始皇于山东诸城修建琅琊台。秦始皇在位期间共兴建了数百处宫苑 • 秦始皇派遣方士徐福到东海仙山蓬莱山寻找长生不老之药，未果	
							• 荀子（约前313-前238年）卒				• 统一度量衡。车同轨，书同文 • 诸子百家的时代终结 • 秦灭六国后开始修筑始皇陵，至前209年停工			
• 战国后期，百家争鸣与战国学术思想空前繁荣 • 战国后期，儒教势力扩大											• 五岳：东岳泰山、西岳华山、南岳衡山、北岳恒山、中岳嵩山	• 前3世纪，匈奴在蒙古高原成立统一国家		

秦朝											西汉		
前217年	前216年	前215年	前214年	前213年	前212年	前211年	前210年	前209年	前208年	前207年	前206年	前205年	前204年
		• 秦始皇统一中国后的第四次远途出巡，从都城咸阳作为起始地，沿原韩、赵、魏、齐四国的边境连接的地区，最后到达渤海的碣石山，后命人在这里建造了一座海边的行宫“碣石宫”			• 秦始皇扩建上林苑工程完成，阿房宫是苑内最主要的宫殿建筑群。另外还有宜春苑、梁山宫、骊山宫、林光宫、兰池宫等。六国宫苑纳入上林苑，成为苑中苑 • 建兰池宫，开中国园林引水为池、池中筑岛以模拟东海神仙世界的先河，蓬莱神仙思想开始在园林设计中体现，为“一池三山”始祖 • 骊山宫内修筑了一条直通阿房宫的复道		• 秦二世修建林光宫			• 项羽火烧咸阳宫室			
			• 开始修筑万里长城	• 焚书									
							• 秦始皇亡			• 巨鹿之战 • 刘邦攻入关中，秦亡	• 前206-前202年，楚汉相争		

西汉

前200年

前203年	前202年	前201年	前200年	前199年	前198年	前197年	前196年	前195年	前194年	前193年	前192年	前191年
• 赵佗兴建南越宫苑，仿长安园林的型制，石渠效法北斗七星状 • 赵佗在广州越秀山上建越王台 • 前203-前137年，赵佗在五华山上建长乐台	• 刘邦将秦兴乐宫重修，改名为长乐宫，两年之后建成 • 无诸被正式册封为闽越王之后仿效中原，在福州建都城：冶城	• 汉高祖下诏，“故秦苑囿园池，令民得田之”（《史记·高帝纪》）	• 汉高祖刘邦在秦章台基础上建成长乐宫，是汉朝最早的宫苑	• 在长乐宫西筑未央宫等宫苑	• 汉高祖为纪念赵王如意于武灵丛台东建成如意轩，丛台北建赵王宫，丛台西建回澜亭		• 前196年左右，南越赵佗在广州越秀山上兴建朝汉台，台面西向汉首都长安 • 前196年左右，南越赵佗在广东新兴建白鹿台					
									• 前194-前190年，西汉修筑新都长安城。城内总建筑面积约36平方公里			
• 元秦将领赵佗建立南越国，定都番禺（今广州），字号南越王，前111年被西汉所灭	• 刘邦即位，建立汉王朝，为汉高祖。建都长安（今陕西西安）											

西汉

前190年 前180年

前190年	前189年	前188年	前187年	前186年	前185年	前184年	前183年	前182年	前181年	前180年	前179年	前178年	前177年	前176年
											• 前179-前157年，汉文帝为太子时于上林苑中兴建思贤苑，招待宾客			• 贾太傅宅园建成，位于湖南长沙
											• 董仲舒（前179-前104年）出生，董仲舒在其《春秋繁露》中强调天人感应之说，阐述“天人合一”的哲学思想体系，后由宋明理学总结并明确提出			
											• 汉文帝即位，迎来文景之治			

西汉

前170年

	前175年	前174年	前173年	前172年	前171年	前170年	前169年	前168年	前167年	前166年	前165年	前164年	前163年	前162年	前161年
								• 前168-前141年，据《江南通志》记载：燕喜台为汉梁孝王刘武筑，名曰“鹿园”。唐代时更名为“燕喜台” • 前168-前141年，梁孝王刘武在芒汤山左右筑东苑							
								• 西汉著名政论家、文学家贾谊（前200-前168年）卒。代表作品有《过秦论》、《陈政事疏》等							

西汉

前160年　　　　前150年

前160年	前159年	前158年	前157年	前156年	前155年	前154年	前153年	前152年	前151年	前150年	前149年	前148年	前147年	前146年
					• 湖南长沙定王刘发修建蓼园 • 梁孝王刘武修建兔园（又称梁园）。园中以土为山，以石叠岩，这种土石结合的假山在中国园林史上为首创，是中国园林史上著名的藩王园林，位于河南睢阳						• 汉景帝之子刘余在山东曲阜建灵光殿，为宫苑式藩王园林			
					• 兔园具备了人工山水园林的全部元素：山、水、植物、建筑	• 吴楚七国之乱								

西汉

前140年

	前145年	前144年	前143年	前142年	前141年	前140年	前139年	前138年	前137年	前136年	前135年	前134年	前133
					• 汉武帝在位期间，汉朝开始大规模的宫苑和离宫别馆的建造	• 前140-前87年，汉武帝于上林苑中兴建苑中苑御宿苑 • 前140-前87年，汉武帝时，陕西茂陵富商袁广汉营建私园，取名袁广汉园，其规模和内容与皇家园林相似 • 前140-前87年，汉武帝建昭祥苑 • 约于前140年以后，汉武帝于上林苑中兴建苑中苑宜春下苑		• 汉武帝修复、扩建秦的上林苑。上林苑成为中国历史上最大的一座皇家园林 • 汉武帝开始微服出行，北至池阳宫，西至黄山宫，南到长杨宫，东游宜春宫					
					• 治国方针是“独尊儒教，罢黜百家”，但道家思想仍然流行，形成儒道互补的意识形态 •《淮南子》成书			• 前138-前126年，张骞出使西域，开辟丝绸之路					
					• 汉武帝即位。前141-前87年迎来汉朝的鼎盛时期，确立了中央集权制			• 汉武帝时的上林苑中主要的离宫有建章宫、长门宫、储元宫、犬台宫、葡萄宫、宜春宫、扶荔宫、宣曲宫、鼎湖宫等，主要的观有豫章观、飞廉观、青梧观、射熊观、白杨观、龙台观、涿木观、细柳观、霸昌观等					

西汉

前130年　　前120年

前132	前131年	前130年	前129年	前128年	前127年	前126年	前125年	前124年	前123年	前122年	前121年	前120年
汉武帝建龙渊 ，又称龙源庙、 阳宫	• 汉武帝时的丞相田蚡（?-前131年）于陕西西安修建宅园，俗称田蚡宅园	• 汉武帝修葺秦始皇时兴建的温泉宫室骊山汤				• 约于前126-前114年， 张骞建苜蓿园，是为张赛出使西域回到洛阳后修建的宅园				• 前122-前117年，汉武帝修复、扩建秦林光宫，并改名为甘泉宫，为避暑离宫，并在其旁边建甘泉苑		

西汉

前110年

前119年	前118年	前117年	前116年	前115年	前114年	前113年	前112年	前111年	前110年	前109年	前108年
• 汉武帝派遣方士入海寻求蓬莱仙山 • 约前119年，陕西淳化建梨园		• 汉武帝为征讨昆明，仿昆明滇池，在上林苑开凿了一个周围四十里的人工湖，称之为“昆明池”。于池中修筑岛屿“豫章台” • 沧州武帝台建立		• 汉武帝于陕西蓝田修建御羞苑 • 汉武帝在未央宫中以铜筑柏梁台，作承露盘。从此大兴宫室建设之风		• 南越国最后一代王赵建德（前112-前111年在位）获封术阳侯，建王园宅地。222-252年，三国吴虞翻被贬广州时居住在此，辟为苑圃，俗称“虞苑”，又名诃林。虞翻死后，家人舍宅作寺，即现在的光孝寺	• 汉武帝首次临幸海上。为寻找海上蓬莱仙山，据《史记》《汉书》记载，汉武帝海上巡幸活动约有8次，历时23年 • 汉武帝建五帝坛	• 汉武帝修建扶荔宫 • 汉武帝灭南越，汉兵“纵火烧城”，南越国宫殿及御花园被毁		• 汉武帝建仙人楼居	
		•《上林赋》作者司马相如（前179-前117年）卒 • 筑龙首渠，发明井渠法，创造地下渠道							• 开始用“年号”纪年		

西汉

前107年	前106年	前105年	前104年	前103年	前102年	前101年	前100年	前99年	前98年	前97年
	• 汉武帝为太子建博望苑，为上林苑之苑中苑	• 汉武帝建首山宫	• 长安城内柏梁台遭火焚毁 • 汉武帝在长安城内兴建北宫、桂宫、明光宫和建章宫 • 汉武帝在建章宫西北部建园林，开凿大池，名为“太液池”，池中堆筑象征东海的瀛洲、蓬莱、方丈三座岛屿 • 前104年左右，建唐中池，位于建章宫西侧			• 汉武帝修建飞廉观 • 汉武帝修建明光宫 • 汉武帝修建桂宫，是为后妃们修建的宫苑，为汉代五宫（未央宫、长乐宫、明光宫、北宫、桂宫）之一。其前宫后苑形式，为中国园林史上首例，后毁于王莽末年战火				• 汉武帝于甘泉宫朝诸侯
		• 前105年以后，每年的正月初一被定为春节	• 编写《太初历》，以正月为岁首，使用二十四节气							
			• 建章宫是中国历史上第一座具有完整的三座仙山，体现蓬莱神仙思想的皇家园林，“一池三山”从此成为皇家园林的模式，直到清代							

西汉

前90年

前96年	前95年	前94年	前93年	前92年	前91年	前90年	前89年	前88年	前87年	前86年	前85年	前84年	前83年	前82年
		• 汉武帝于甘泉宫招待宾客							• 汉武帝驾崩于五柞宫	• 汉昭帝在上林苑中穿凿琳池				
					• 司马迁《史记》130卷完成。《史记》被列为二十四史之首，是第一部纪传体通史，与最后一部《明史》前后历时4000多年									

西汉

前80年　　　　　　　　前70年

前81年	前80年	前79年	前78年	前77年	前76年	前75年	前74年	前73年	前72年	前71年	前70年	前69年	前68年	前67年	前66年
														• 陕西西安建霍氏宅园	

西汉

前60年　　前50年

前65年	前64年	前63年	前62年	前61年	前60年	前59年	前58年	前57年	前56年	前55年	前54年	前53年	前52年	前51年	前50年
						• 汉宣帝兴建乐游苑，为上林苑之苑中苑									

西汉

前40年

前49年	前48年	前47年	前46年	前45年	前44年	前43年	前42年	前41年	前40年	前39年	前38年	前37年	前36年	前35年	前34年
	• 前48-前8年，张禹（？-前5年）于洛阳建宅园，俗称张禹宅园										• 元帝驾幸虎圈，观赏斗兽表演				

西汉

前30年 前20年

	前33年	前32年	前31年	前30年	前29年	前28年	前27年	前26年	前25年	前24年	前23年	前22年	前21年	前20年	前19年	前18年
		• 成帝一次就下诏废除上林宫馆25所 • 成帝建长安南、北郊坛，罢甘泉、汾阴祠			• 大雨“河决东郡（濮阳），金堤次岁改之”(《汉书卷十· 成帝纪第十》记载），败坏宫亭房屋四万所(《沟洫志》载）		• 曲阳侯王根于陕西西安建宅园，俗称王根宅园									• 成都侯王商于陕西西安建宅园，俗称王商宅园
					• 西汉学者扬雄（前53-18年）作《反离骚》，以吊屈原											

西汉

前10年

前17年	前16年	前15年	前14年	前13年	前12年	前11年	前10年	前9年	前8年	前7年	前6年	前5年	前4年	前3年	前2年
				• 杨雄（前53-18年）作汉赋《甘泉赋》							• 前6-前2年，董贤（前23-前1年）于洛阳建董贤宅园		• 罢长安南、北郊坛，复甘泉、汾阴祠	• 汉哀帝为驸马都尉、侍中董贤建大第北阙下，其宅“楼阁台榭，转相连注，山池玩好，穷尽雕丽”	
古代杂史小说《说苑》成书。说苑》又名《新》，刘向编，共0卷，后遗失仅5卷															

西汉									新						
	西历元年									10年					
前1年	1年	2年	3年	4年	5年	6年	7年	8年	9年	10年	11年	12年	13年	14年	15年
				• 王莽奏汉平帝，建明堂、辟雍、灵台					• 梅福（前44-44年）辞去县尉隐居于（今江西南昌）青云谱梅家巷，建梅福钓台和梅仙祠（今青云谱旧址）	• 王莽于陕西长安建八风台					
• 西汉末年，《黄帝内经》成书	• 西汉末年，佛教传入中国									• 实行“五均六筦”					
• 西汉末年，私家园林兴建盛行。所谓宅、第即包括园林在内，也有直接称为园、园池的															

20年 30年

16年	17年	18年	19年	20年	21年	22年	23年	24年	25年	26年	27年	28年	29年	30年
新									东汉					
				• 王莽拆离宫建九庙，西汉苑囿离宫大多毁于此					• 东汉时期，私家园林见于文献记载的已经比较多，大多表现出朴素的风格 • 25-29年，樊重、樊宏父子于河南南阳建樊氏庄园 • 25-56年，东汉初年襄阳侯习郁建私宅，筑堤修池，俗称习家池，又名高阳池，被《园冶》奉为典范的“私家园林鼻祖”。位于湖北襄阳市，现存				• 29年，汉光武帝修葺上林苑，占地为中国园林史之最。同时在城东开鸿池（推测）与城西的上林苑对峙。鸿池中建仿天上星宿的渐台	
		•《甘泉赋》作者杨雄（前53-18年）卒							• 25-220年，由黄老学说与巫术结合而产生的道教大约形成于东汉中期					
									• 汉光武帝刘秀称帝，建立东汉王朝，史称后汉或东汉。建都洛阳					

东汉

40年

31年	32年	33年	34年	35年	36年	37年	38年	39年	40年	41年	42年	43年	44年	45年	46年
					• 东汉初期，崇尚节俭，宫苑兴建不多 • 四川梓潼建李业阙，为现存最早的阙							• 汉光武帝修建西京（长安）宫室			
	• 班固（32-92年）出生，东汉著名史学家、文学家。代表作有《汉书》《白虎通义》《两都赋》等						• 建洛阳城内南宫前殿								

东汉

50年 60年

47年	48年	49年	50年	51年	52年	53年	54年	55年	56年	57年	58年	59年	60年	61年	62年
									• 汉光武帝于洛阳城南建明堂、灵台、辟雍		• 大约于58年，汉明帝洛阳北宫建成，建西园、南园、永安宫、濯龙园等宫苑		• 汉明帝开始修建洛阳北宫，建永安宫、濯龙园等宫苑		
							• 史学家班彪（3-54年）卒。班彪续写《史记》成《后传》			• 倭奴国日本使者到达洛阳朝贡，光武帝赐“汉倭奴国王”之金印	• 始设灯节，即元宵节，设在正月十五				• 班彪之子班固（32-92年）开始修撰《汉书》

东汉

70年

63年	64年	65年	66年	67年	68年	69年	70年	71年	72年	73年	74年	75年	76年	77年	78年
		• 汉明帝开始洛阳北宫建成		• 汉明帝遣使迎请天竺僧人到洛阳宣讲佛法，并兴建有中国佛教“祖庭”之称的洛阳白马寺及白马寺园。“寺”从此以后成为佛教建筑的专称				• 嵩山玉柱峰下建大法王寺						• 汉章帝在濯龙园中建织室	
						• 69-70年，王景主持治理黄河，此后黄河安流达6千年之久，直到1048年黄河出现大决口				• 班超出使西域					

东汉

80年　　90年

79年	80年	81年	82年	83年	84年	85年	86年	87年	88年	89年	90年	91年	92年	93年	94年
													• 汉和帝建南宫		
• 班固编写《白虎通义》															

东汉

100年 110年

95年	96年	97年	98年	99年	100年	101年	102年	103年	104年	105年	106年	107年	108年	109年	110年
					• 许慎完成《说文解字》 •《九章算术》成书					• 蔡伦改造造纸技术，使纸取代简、帛成为最普通的书写材料					

东汉

120年

111年	112年	113年	114年	115年	116年	117年	118年	119年	120年	121年	122年	123年	124年	125年	126年
												• 洛阳建阿母兴第舍	• 樊丰于洛阳建樊丰宅园 • 周广于洛阳建周广宅园 • 谢恽于洛阳建谢恽宅园		
							• 中岳庙石室石阙建成					• 少室石阙建成			

东汉

130年　　140年

127年	128年	129年	130年	131年	132年	133年	134年	135年	136年	137年	138年	139年	140年	141年	142年
					• 汉顺帝于河南洛阳建西苑 • 梁冀调发徒卒发开园囿，“采土筑山，十里九坂,以象二崤（山名，在今陕西境内），深林绝涧，有如天成，奇禽驯兽，飞走其间”						• 别墅园林出现，如张衡等的宅园，这些文人隐士的宅园，是别墅园林的萌芽状态，也是隐逸思想的最初体现			• 羌汉战争，巩唐羌攻陇西、三辅，烧汉陵园	
		• 孝堂山画像石。其中有出行、楼阁、神话传说、舞乐百戏、战争等图像，内容丰富			• 张衡造候风地动仪，可测定地震方位										• 由张道陵倡导，道教奉老子为教祖，尊称其为“太上老君”，尊张道陵为天师
											• 张衡作《归田赋》				• 道教是我国唯一土生土长的宗教，因此，又有国教之称

东汉

150年

143年	144年	145年	146年	147年	148年	149年	150年	151年	152年	153年	154年	155年	156年	157年	158年
			• 东汉后期，恒帝、灵帝时期大兴造园活动，兴建了很多的宫苑。这个时期，权贵营建宅地、园池之风旺盛 • 大将军梁冀（88-159年）兴建菟园、园囿（又称冀园）、城西别第。冀园内的假山构筑方式以具体的某处大自然中的真山进行缩移摹写，这是最早见于文字记载的私家园林的假山的构筑方式 • 梁冀为官20多年期间，先后在洛阳城内外营建多处宅园				• 汉恒帝时期修葺、扩建濯龙园					• 汉恒帝于洛阳兴建鸿德苑			• 约158年，汉恒帝于洛阳西郊兴建广成苑
		• 约145年,华佗出生，东汉末年医学家。其发明了麻沸散，此为世界最早的麻醉剂		• 约147年,武氏祠画像石。其内容有历史故事、神话传说等			• 约150年,张仲景出生，东汉末年医学家，著有《伤寒杂病论》					• 曹操（155-220年）出生			
			• 私家园林修筑兴起												

东汉

160年　　170年

159年	160年	161年	162年	163年	164年	165年	166年	167年	168年	169年	170年	171年	172年	173年	174年
• 汉恒帝于洛阳兴建显阳苑							• 中常侍侯览（？-172年）于河南洛阳建侯览宅园，为东汉宦官侯览所建私家宅园								
		• 刘备（161-223年）出生													

东汉

180年　　　　　　　　　　190年

175年	176年	177年	178年	179年	180年	181年	182年	183年	184年	185年	186年	187年	188年	189年	190年
					• 汉灵帝兴建毕圭灵昆苑，分东西两苑			• 汉灵帝设置圃囿署		• 185-186年，汉灵帝于西苑建万金堂，次年又在广成苑建南宫玉堂 • 约于185年，汉灵帝建南园、西园				• 189-219年，东汉末献帝时佛教人物笮融在苏州寓所建私家宅园，名笮家园	• 董卓焚毁洛阳宫室宗庙，毕圭灵昆苑毁
蔡邕等人奏求正六经文字，并将书》《周易》《春》《公羊传》《鲁》《仪礼》《论语》写在石碑上，镌后立于太学门，史称《熹平石》						• 诸葛亮（181-234年）出生	• 孙权（182-252年）出生								
															• 董卓挟献帝迁都长安 • 东汉献帝即位

东汉

200年

191年	192年	193年	194年	195年	196年	197年	198年	199年	200年	201年	202年	203年	204年
													• 曹操击败袁绍后，在秦汉旧邺城的基础上营建邺城
		• 193-195年，徐州建楼阁式木塔			• 196-220年，建安七子（孔融、陈琳、王粲、徐干、阮瑀、应玚、刘桢）对于汉末时期的诗、赋、散文做出了贡献，与“三曹”并称为汉末三国时期文学的代表				• 洞林寺约始建于200年。传说达摩老祖来到中国后，在中原建有三林（洞林寺、少林寺、竹林寺），被称为天中三林，是佛教在中原著名的三大寺院				
					• 曹操迎汉献帝至许县，“狭天子以令诸侯”								

东汉

210年

205年	206年	207年	208年	209年	210年	211年	212年	213年	214年	215年	216年	217年	218年	219年
			• 曹操于邺城兴建玄武苑，开渠引漳水入池		• 曹操以邺城为邑，城内建铜雀园，又名铜爵园，城东建芳林园，城西建灵芝园。并于铜爵园西以城墙为基起铜雀台，高十丈，曹植为此作《登台赋》		• 三国时期的吴主孙权在金陵邑故址，利用西麓的天然石壁做基础，修筑了石头城	• 曹操于铜爵台南兴建金虎台 • 曹操“始建魏社稷宗庙”	• 曹操于铜爵台北兴建冰井台					
		• 刘备三顾茅庐												
			• 赤壁之战					• 曹操封为魏王，将王都定于邺城						• 三国鼎立格局确立 • 东汉末，社会动荡不安，社会上消极悲观的情绪与及时行乐的思想弥漫

三国（魏、蜀、吴）

220年　　230年

220年	221年	222年	223年	224年	225年	226年	227年	228年	229年	230年	231年	232年	233年	234年	235年
• 魏文帝兴建洛阳宫。取五色石于芳林园内叠造景阳山	• 魏文帝于洛阳建西游园、凌云台	• 魏文帝开灵芝池于邺城灵芝园		• 魏文帝于洛阳建芳林园，该园是当时最重要的一座皇家园林，后改名华林园。535年被毁 • 魏文帝于洛阳华林园中穿凿天渊池，并引古灌泉之水注入天渊池		• 魏文帝于洛阳兴建九华台 • 魏明帝时，在御苑天渊池南凿石为流杯渠，以供禊饮，人工制作流觞曲水进入苑园	• 227-239年，魏明帝于洛阳兴建濛汜池 • 227-239年，魏明帝于天渊池南设流杯石沟，建禊堂	• 魏明帝建灵禽之园，专门畜养各地进献的异鸟珍禽	• 建业华林园始建于吴，之后历经东晋和南朝的不断经营，是中国南方的一座重要的皇家园林						• 魏明帝在洛阳开始大规模的宫苑建设，其中包括芸林苑及芳林园的修、扩建 • 魏建洛阳宫、起昭阳、太极殿
• 湖南岳阳始建岳阳楼，之后进行了多次重修			• 武昌蛇山峰岭之上始建黄鹤楼，之后进行了多次重修			• 陕西长安建大兴善寺，原名遵善寺，为中国佛教之一密宗祖庭						• 西晋著名政治家、文学家、藏书家张华（232-300年）出生。其编纂的《博物志》是中国第一部博物学著作			
• 曹操去世，文帝（曹操之子曹丕）即位，建都洛阳，国号魏 • 刘备称帝于成都，国号汉，史称蜀或蜀汉 • 魏晋南北朝时期，皇家园林规模大、华丽、建筑量大，但却没有私家园林富有曲折幽致、空间多变的特点 • 魏晋南北朝时期，造园风格开始从写实到写意 • 魏晋时期，园林的设计思想从秦汉时期的神仙思想转换为尽情享乐的思想									• 孙权称帝，定都建业（今南京），国号吴						

三国（魏、蜀、吴）

240年 250年

236年	237年	238年	239年	240年	241年	242年	243年	244年	245年	246年	247年	248年	249年	250年
	• 魏明帝大兴土木，兴建苑园，并取太行及毂城奇石于芳林园中筑景阳山，并且亲自率领群臣掘土造园	• 238-251年，孙权建通玄寺，相传是孙权的母亲舍宅所建。唐初改称开元寺。五代末易名为报恩寺									• 孙权改建太初宫 • 康僧会到吴，孙权为之建塔，并修建吴建初寺，开江南建佛寺之先河	• 在太初宫西建西苑，又称西池，即太子的园林。在西苑的南部是太子的南宫。在太初宫的东面和北面，是东吴的皇家花园和皇宫卫队的营地，名叫“苑城”		• 孙权于建业建落星苑
				• 240-249年，何晏作《老子道德经》 • 240-249年，何晏、王弼用道家思想解释《周易》《老庄》，开清谈之风，世称“正始之音” • 240-249年，竹林七贤（嵇康、阮籍、山涛、向秀、刘伶、王戎及阮咸），寄情山水、崇尚隐逸成为社会风尚									• 朱然墓漆画完成。内容有人物故事、山水、动物、植物等图案	

三国（魏、蜀、吴）

西晋

260年

251年	252年	253年	254年	255年	256年	257年	258年	259年	260年	261年	262年	263年	264年	265年	266年
									• 吴国开始修建浦里塘					• 265-300年，文学家潘岳（247-300年）于洛阳建宅园，俗称潘安仁园	
										• 西晋著名文学家、书法家陆机（261-303年）出生，被誉为“太康之英”				• 西晋玄学为魏晋时代思想主流，是一种崇尚老庄的思潮（重来生而不重现世的学说） • 西晋时期的玄学代表有向秀和郭象	

三国（魏、蜀、吴）

西晋

270年　　280年

267年	268年	269年	270年	271年	272年	273年	274年	275年	276年	277年	278年	279年	280年	281年
在太初宫之西建西苑，又称西池，即太子的园林 孙权之孙孙皓在太初宫之东兴建昭明宫，又称显明宫													• 自武帝迁都洛阳后，主要的御苑还是华林园。此外还兴建了小规模的春王园、洪德苑、灵昆苑、平乐苑、舍利池、天泉池、濛汜池、东宫池等 • 自武帝迁都洛阳后，进行全面汉化，北方社会稳定，大量的私家园林也随之开始兴建。洛阳造园之风极盛，而且多讲究造园的意境 • 280–300年，荆州刺史石崇（249–300年）于洛阳西北郊的金谷涧营建大型庄园河阳别业，又称金谷园，是当时著名的私家园林	
	• 268–271年，裴秀主编绘制《禹贡地域图》，提出“制图六体”													

西晋

290年

282年	283年	284年	285年	286年	287年	288年	289年	290年	291年	292年	293年	294年	295年	296年	297年
• 郡守严高率众凿福州西湖		• 晋武帝司马炎改建太庙							• 征西大将军祭酒王诩要前往长安，石崇与众人在洛阳之河阳县金谷园设宴相送，这是中国历史上第一次真正意义上的文人聚会，后人称之为“金谷宴集”						
								• 290-292年间，左思（约250-305年）作成《三都赋》，造成“洛阳纸贵”现象							• 史学家陈寿（233-297年）卒，著有《三国志》
									• 291-306年，八王之乱，同时北方游牧民族骚扰不断						

西晋

十六国

300年

310年

298年	299年	300年	301年	302年	303年	304年	305年	306年	307年	308年	309年	310年	311年	312年
		• 洛阳金谷园园主石崇被赵王伦所杀							• 北京西部门头沟区东南部的潭柘山麓建嘉福寺，是佛教传入北京地区后最早修建的一座寺庙。因寺后有龙潭，山上有柘树，故民间一直称其为“潭柘寺”（又一说法为建于316年） • 307-312年，洛阳建有佛寺四十二所。洛阳佛寺几乎占了当时全国佛寺的一半，而且有第一座僧寺、尼寺、山寺的出现		• 于陕西韩城南建汉太史公马迁祠			
		• 文学家潘岳（247-300年）卒，别名潘安。西晋文坛三大家之一《关中记》作者			• 王羲之（303-361年，一说法为307-365年，一说法为321-379年）出生，被称为“书圣”									

• 匈奴族的刘渊起兵反晋，北方游牧民族匈奴、羯、氐、羌、鲜卑五个民族相互混战

十六国

东晋

320年

	313年	314年	315年	316年	317年	318年	319年	320年	321年	322年	323年	324年
				• 于北京西部门头沟区东南部的潭柘山麓建嘉福寺，是佛教传入北京地区后修建最早的一座寺庙。因寺后有龙潭，山上有柘树，故民间一直称其为“潭柘寺”（又一说法为建于307年）		• 于建康城西南冶山建东晋西园，又称冶城园		• 后赵石勒于邺城建桑梓园	• 后赵石勒重新邺城三台	• 322-325年，东晋大臣纪瞻（253-324年）在乌衣巷建私宅 • 322-325年，东晋初期太傅谢安、丞相王导（276-339年）在乌衣巷建私宅		
						• 东晋南迁后，建康成为玄学的中心。同时玄学受到传入中国的佛学的影响						
				• 西晋灭亡，北方进入五胡十六国时期（史称北朝）。五胡：匈奴、鲜卑、氏、羌、羯；十六国：汉（前赵）、成（成汉）、前凉、后赵（魏）、前燕、前秦、后燕、后秦、西秦、后凉、南凉、南燕、西凉、北凉、北燕、夏 • 因为后来出现的北魏和北周两次“灭佛”运动，故而潭柘寺自建成之后，一直未有发展，后来逐渐破败	• 魏晋时期，吴地相对安定，北方大批人口南迁							

十六国

东晋

330年　　340年

325年	326年	327年	328年	329年	330年	331年	332年	333年	334年	335年	336年	337年	338年	339年	340年
	• 杭州的灵隐寺建成	• 东晋大臣、书法家王珣（349-400年）及其弟学者王珉（351-388年）在虎丘建宅，后二人因崇佛而舍宅为寺，取名虎丘寺。南北朝时期的佛教徒盛行“舍宅为寺”，从而使虎丘成为江南士大夫文化的土壤			• 杭州始建法镜寺于天竺山上。后改名为下天竺寺		• 东晋建成新宫城建康宫，即台城，城北开人工湖玄武湖。建康宫的主体建筑是十二开间的“太极殿”								
														• 于临沂兰陵县建大宗山朗公寺。该寺被称为齐鲁四大名寺之一，寺内现存古建筑遗址为晋代建筑风格	

• 建康宫的宫殿多为三殿一组或一殿两阁，抑或为三阁相连的对称布局，其间泉流环绕，并以廊庑阁道相连，具有很强的园林气氛。这种形式直接影响了日本以阿弥陀堂为中心的净土庭园

十六国

东晋

350年

341年	342年	343年	344年	345年	346年	347年	348年	349年	350年	351年	352年	353年	354年	355年	356年
						• 后赵石虎于邺城之北建华林园				• 高僧朗公于泰山东北的昆端山创建良公寺		• 三月初三，王羲之等四十一人在会稽（绍兴）南郊兰亭引清泉作曲水之会，赋诗成集，由王羲之挥毫作序，为《兰亭集序》，从此曲水流觞广为流传			
							• 顾恺之（348-409年）出生，与曹不兴、陆探微、张僧繇合称“六朝四大家”。其是《女史箴图》和《洛神赋图》的作者			• 高僧竺僧朗于泰山东北的昆瑞山创建朗公寺。584年改名为神通寺，唐以后渐衰落，现在只存遗墟					

• 魏晋南北朝时期，泰山还先后建造了玉泉寺、神宝寺、光化寺、普照寺等，泰山逐步形成佛光普照的领地

十六国

东晋

360年　　　　　　　　　　　　　　　　370年

357年	358年	359年	360年	361年	362年	363年	364年	365年	366年	367年	368年	369年	370年	371年	372年
燕慕容儁自蓟迁邺，重修三台															
						•《西京杂记》作者葛洪（不详-363年）卒		• 陶渊明（365-427年）出生	• 敦煌莫高窟开凿						

十六国　　北朝

东晋

380年

373年	374年	375年	376年	377年	378年	379年	380年	381年	382年	383年	384年	385年	386年	387年	388年
• 373-396年，孝武帝于后宫建清暑殿，开北上阁 • 373-396年，赵牙为文孝王开东第，穿池筑山		• 南朝画家宗炳（375-443年）出生。其撰写的《画山水序》是我国最早的山水画论 • 秦为户籍部伍					• 在东晋西园建冶城寺。404年，桓玄将其拆毁改为别苑				• 东晋佛教高僧慧远来到庐山，在江州刺史桓伊的资助下建庐山第一座佛寺，东林禅寺 • 384-534年，晋国始祖叔虞于太原建晋祠		• 史料记载的第一例苏州私人园林东晋顾辟疆的私家宅园，又称辟疆园。唐代时，辟疆园仍在，后来为泾县县尉任晦所有，又加以修葺，人称任晦园池，宋代时仍称任氏园池，明时废为民居 • 北魏奉佛教为国教，建设了大量的佛寺建筑和附属的园林部分，构成佛寺园林		
												• 谢灵运（385-433年）出生	• 王献之（344-386年）卒		
		• 宗炳所提倡的山水画理之所谓“竖画三寸实当千仞之高，横墨数尺，实体百里之迥”，成为造园空间艺术处理中极好的借鉴								• 淝水之战，北方再次分裂			• 佛寺园林的建造，都需要选择山林水畔作为参禅修炼的洁净场所。因此，“深山藏古寺”就是寺院园林惯用的艺术处理手法 • 战国七雄局面形成（秦、楚、齐、燕、韩、赵、魏）		

十六国

北朝　　　　北朝

东晋

390年　　　　400年

389年	390年	391年	392年	393年	394年	395年	396年	397年	398年	399年	400年	401年	402年	403年	404年
							• 北魏攻燕，屯兵于芳林园		• 北魏于平城大兴宫室建设	• 北魏建鹿野苑，开渠引武川水注苑中，同时又穿鸿雁池。这是北魏最早的一次引水工程	• 北魏引水入平城，修建东西鱼池	• 北魏建紫极殿、凉风观、石池、鹿苑台	• 后燕建龙胜苑，苑内筑景云山，开天河引水入宫；后又穿曲光海、清凉池	• 北魏建犲山离宫	
					• 394-416年，开凿麦积山石窟		• 雕塑家戴逵（约326-396年）卒		• 范晔（398-445年）出生，著作《后汉书》	• 东晋名僧法显从长安出发，到天竺取经。412年返回，次年到建康，著《佛国记》，又名《高僧法显传》《历游天竺记》		• 高僧鸠摩罗什（344-413年）被后秦从龟兹国接到长安城，翻译佛经	• “白莲社”结社，发展净土思想		
										• 东晋时期，画家、绘画理论家、诗人顾恺之，文学家、诗人、辞赋家陶渊明非常活跃，成为六朝文化的先驱					

十六国

北朝

东晋 | 南朝

410年 420年

405年	406年	407年	408年	409年	410年	411年	412年	413年	414年	415年	416年	417年	418年	419年	420年
	• 田园诗的创始人陶渊明归隐田园，经营自己的小庄园，作《归园田居》描述自己的家园景象				• 建射台于皮池西			• 北魏在北苑穿鱼池。这是北魏的第二次引水工程	• 刘裕（363-422年）在东府原有建筑的基础上兴建府城，故称东府城。东府为东晋简文帝司马昱任会稽王时的旧府第，后为司马道子居宅		• 北魏于北苑建蓬莱台		• 418-435年，戴颙（377-441年，戴逵之子）于苏州建宅园，取名戴颙宅园，又名戴颐园，是史料记载的最早的苏州自然山水宅园 • 于西苑建宫室	• 北魏在蓬莱台北侧修建离宫。同年在平城以东的白登山修建宫殿	• 建康的皇家园林，在南朝宋以后历代均有新建、扩建和改建
										• 王微（415-453年，又作415-443年）出生，南朝宋画家、诗人。其所作的《叙画》为中国比较早的山水画论专著之一					• 元嘉之治，六朝文化发达，文人贵族的鼎盛时期
															• 东晋灭亡，刘裕称帝，国号宋，定都建康。之后南方相继经历了齐、梁、陈。历史上统称南朝

十六国

北朝

南朝

430年

421年	422年	423年	424年	425年	426年	427年	428年	429年	430年	431年	432年	433年	434年	435年
• 北魏大举修筑苑囿，覆盖方圆二十多公里		• 于建康覆舟山南麓建北苑，又称乐游苑 • 423-424年，少帝于华林园穿池筑山，朝成暮毁，并于园中列食肆，亲自沽卖，夕游天渊池，就舟而寝		• 425-426年，谢灵运返故居会稽始宁县，增建、重修祖父谢玄（343-388年）营建的山居别业，又称始宁园，并作《山居赋》，吟咏园墅风光										• 于北岳恒山天峰岭南下的飞石窟建寝宫
			• 元嘉之治(424-453年)，六朝文化发达，文人贵族的鼎盛时期					• 祖冲之（429-500年）出生，其将圆周率计算至小数点后七位						

十六国 | 北朝

北朝 | 南朝

南朝 | 南朝

440年 450年

	436年	437年	438年	439年	440年	441年	442年	443年	444年	445年	446年	447年	448年	449年	450年	451年
					• 北魏派大批人员挖深昆明池，恢复其原貌						• 南朝宋文帝修筑建康北堤，开凿真武湖，后称玄武湖 • 南朝于华林园中修筑景阳山，并将覆舟山南辟为乐游苑	• 南朝南兖州刺史徐湛之重修广陵高楼以南望钟山，又于城北池畔建风亭、月观、吹台、琴室等				
						• 沈约（441-513年）出生，其创作的“永明体”是中国格律诗的开端					• 道武灭佛					
				• 北魏太武帝拓跋焘统一北方								• 从447年开始有文献记载扬州园林的发展情况				

北朝

南朝

460年

452年	453年	454年	455年	456年	457年	458年	459年	460年	461年	462年	463年	464年	465年	466年	467年
					• 457-464年，扬州大明寺初建成于扬州北郊		• 南朝宋孝武帝于建康玄武湖北建上林苑 • 宋文帝之子竟陵王刘诞建府邸，营建私园								• 北魏献文帝于平城建永宁寺，其中构七级浮图（七层的佛塔），高三百尺
• 颁布《修复佛去诏》	• 大同云冈石窟开凿														

北朝

南朝

470年　　480年

468年	469年	470年	471年	472年	473年	474年	475年	476年	477年	478年	479年	480年	481年	482年	483年
		• 宋明帝于华林园茅堂讲习《周易》 • 刘宋东宫有玄圃园	• 南朝宋明帝于建康建湘宫寺	• 建康建南苑，位于城西南凤台山百官寺东北					• 北魏于北苑建永乐游观殿，开凿神泉池，建鹿野浮图于苑中西山 • 北魏京城有佛寺百所		• 南齐高帝于建康宫内开始兴建青溪宫，后改名芳林园 • 479-502年，南齐建康城内大兴私家造园之风	• 480-502年，泉州双髻山改名仙公山，因自然景观与人文景观交相辉映而闻名			• 南齐武帝于建康建娄湖苑 • 483-492年，建博望苑，为建于南齐建康的私家园林 • 483-493年，建东田小苑，为建于南齐建康的私家园林
			• 471-499年，北魏创建五台山佛光寺大殿 • 471-499年，于河南巩义建希玄寺，唐代改称净土寺，清代改称石窟寺，并沿用至今										• 北魏永固陵始建，历时8年完成		

• 刘宋之后的南朝，别墅这种特殊的庄园被大量开发建设，遍布各地，其中扬州的三吴地区最集中，并且表现出别墅庄园的园林化

北朝

南朝

490年

484年	485年	486年	487年	488年	489年	490年	491年	492年	493年	494年	495年	496年	497年	498年
	• 485-490年南齐文惠太子建玄圃，为建于南齐建康的私家园林。玄圃园到梁时尚存在		• 南齐武帝建新林苑。494年，南齐明帝将园地归还百姓，新林苑仅存6年		• 南齐明僧绍舍宅为寺，为栖霞寺 • 南朝齐豫章王萧嶷归田重修北宅园池				• 北魏迁都洛阳之后，曾派人到南朝考察建康的城市建设，之后开始了大规模的洛阳城市改建和营建	• 494-497年，南齐明帝罢新林苑，将地归还百姓		• 洛阳少林寺建成。数十年后少林寺成为达摩的修禅之处 • 2月，孝文帝幸洛阳华林园，3月于华林园宴群臣及当地老人，9月于华林园听讼	• 497-520年，北魏建冲觉寺于洛阳 • 4月，孝文帝行幸长安故宫及昆明池。8月于洛阳华林园讲武	
• 魏始班禄 • 北魏永固陵建成 • 河南登封建成嵩阳寺，1035年更名为嵩阳书院	• 北魏实行均田制						• 山西大同悬空寺建成			• 洛阳龙门石窟开凿				
								• 北魏洛阳城在中国城市建设史上具有划时代的意义，其功能分区较之前更加明确，规划格局更趋完备		• 北魏正式迁都洛阳，推进汉化，史称孝文帝改革 • 北魏迁都洛阳后大兴土木，敕建佛寺。洛阳城内寺内庭院树木花草的种植，并各具特色				

北朝

南朝

500年　　510年

499年	500年	501年	502年	503年	504年	505年	506年	507年	508年	509年	510年	511年	512年	513年	514年
• 北魏宣武帝时期改建、修复华林园 • 北魏时期建法门寺 • 499-501年，南齐于建康建桂林苑	• 洛阳景明寺建成 • 500-503年，北魏将军夏侯道迁来到洛阳，于城西置地建园宅 • 500-515年，于天渊池西筑山，采北邙佳石，筑亭台楼阁 • 500-515年，冯亮雅好山水，造闲居佛寺，极具制度之美，山水之奇	• 建康的皇家园林建设在梁武帝时处于鼎盛时期 • 南齐于建康建芳乐苑 • 梁帝萧衍痴迷佛教，南朝的建康是南方佛寺集中的地方，梁武帝时期有七百余所 • 501-502年，初建于南齐的玄圃，到了梁时期得到了扩建，成为南朝的一座著名的私家园林	• 502-507年，梁武帝将南齐青溪宫赐予南平王肖伟，南平王肖伟将其改名为芳林苑，并大加改建、扩建 • 502-519年，梁武帝于建康建江潭苑 • 502-519年，海印禅师于南岳衡山建南台寺	• 于南岳莲花峰下建方广寺		• 梁武帝于建康改建南苑，改称为建兴苑，后毁于战火			• 修建光宅寺。原为梁武帝萧衍的故宅，是年舍为寺庙，取名光宅寺 • 508-520年，北魏皇室将一座离宫改建为佛寺，为嵩岳寺		• 510年左右，梁衡山侯萧恭建私宅园	• 梁武帝建建康解脱寺	• 512年左右，梁昭明太子重修玄圃，并增建楼台亭阁 • 洛阳景乐寺建成 • 萧绎封湘东王，于江陵建湘东苑，穿山凿池，长数百丈，亭台楼阁，极富雅趣		
	• 开凿巩县石窟	• 501-502年，刘勰完成文学理论著作《文心雕龙》	• 谢赫（479-502年）卒，著有《古画品录》，为我国最古老的绘画论著之一 • 502-513年，钟嵘完成《诗品》						• 508-519年间，妙利普明塔院初建成，唐代改名为寒山寺						
			•《古画品录》中提出的六法，对我国园林艺术创作中的布局、构图、手法等，都有较大的影响												

北朝

南朝

520年　　530年

515年	516年	517年	518年	519年	520年	521年	522年	523年	524年	525年	526年	527年	528年	529年	530年
梁武帝建建康开善寺	• 516-528年，北魏建张伦府苑，为建于洛阳的私家园林				• 梁武帝建建康大敬爱寺 • 梁武帝建建康智度寺 • 释法定于泰山建灵岩寺							• 梁武帝于建康鸡笼山东麓建同泰寺		• 孝庄帝入居华林园	• 孝庄帝在逍遥园宴阿至罗，顾侍臣曰："此处仿佛华林园，使人聊增凄怨。"（《北史·魏本纪第五》）
	• 洛阳永宁寺木塔建成，为记载的最高木构建筑	• 梁武帝敕废境内道观，道士皆令还俗，此时的道教受到了严重的打击				• 四川安岳石窟开凿，后盛于唐宋		• 河南建嵩岳寺塔，为中国现存最早的密檐砖塔	• 地理学家郦道元（不详-527年）撰《水经注》		• 526-531年，南朝梁武帝的长子萧统组织、编选《昭明文选》，为我国现存最早的一部诗文总集	• 建宁懋石室为仿木结构，室内外有布满阴线刻的图像			

北朝

南朝

540年

531年	532年	533年	534年	535年	536年	537年	538年	539年	540年	541年	542年	543年	544年	545年	546年
• 北魏于洛阳建长秋寺 • 北魏于洛阳建建中寺			• 孝静帝自洛阳迁都于邺，并在旧城南侧增建新城	• 梁武帝建头陀寺	• 齐文襄帝于邺城东建山池宅园,时俗炫之 • 无锡祗陀寺始建，由邑人王建舍宅为寺，后改称崇教禅院，1392年名称改回祗陀寺，是无锡历史上的十大名寺之一		• 东魏扩建南邺城于曹魏邺城之南。宫城居中靠北，位于城市的中轴线上，呈前宫后苑的格局							• 权臣高欢开始在晋阳县修筑晋阳宫	
			• 534-550年间，山西天龙山石窟开凿												

北朝

南朝

550年

547年	548年	549年	550年	551年	552年	553年	554年	555年	556年	557年	558年	559年
梁文帝于建康建王游苑 侯景之乱后，建康的皇家园林破坏殆尽 杨炫之撰写记载北魏首都洛阳佛寺兴衰的地方志《洛阳伽蓝记》。书中所举66所佛寺大部分都提及园林 547-549年，梁元帝萧绎登基前于江陵（今湖北江陵县）城中营建府邸园林，取名湘东苑，为南朝的另外一座著名的私家园			• 北齐大兴宫室及游娱园建设，建金凤台、圣应台、崇光台 • 山西阳邑建城，隋代改名为太谷，清代成为全国票号业的中心之一						• 北齐于邺城建游豫园	• 建康的皇家园林建设在陈建国之后方才重新被建设 • 557-559年，梁的卫将军裴之平卸甲归田，于自宅营建私园 • 北周灭北齐，邺城受到破坏，后变成废墟		
					• 约552年，画家姚最著《续画品录》			• 约555年，南朝梁元帝萧绎作山水画论《山水松石格》 • 北齐宣帝灭道				• 开凿拉梢寺摩崖造像，在高60余米的崖面上凿有巨大的石胎泥塑一佛二菩萨像

北朝

南朝

560年　　570年

560年	561年	562年	563年	564年	565年	566年	567年	568年	569年
		• 562-565年，北齐达官显贵盛行建私园					• 慧思禅师于南岳天柱峰南建般若寺（今福俨寺）、小般若寺（今藏经殿）		

570年	572年	573年	574年	575年	576年
	• 周武帝幸道会苑，见上善殿非常壮丽，于是下令焚毁之（周武帝宇文邕生活俭朴，诸事希求超越古人，对宇文护及北齐所修过于华丽的宫殿一律焚毁）	• 北齐后主高纬于南邺城之西大兴土木，营建都苑，取名仙都苑		• 陈宣帝下令于乐游苑中建甘露亭	
• 绘成娄睿墓壁画，有壁画71幅			• 北周武帝灭佛		

北朝 | 隋朝

南朝

580年 | 590年

577年	578年	579年	580年	581年	582年	583年	584年	585年	586年	587年	588年	589年	590年	591年
• 北周武帝下令将北齐邺城的东山、南园、三台一并毁撤。瓦木等建筑材料，让百姓自取 • 齐幼主即位，乃更增益宫苑，造偃武修文台，其嫔嫱诸宫中起镜殿、宝殿、瑇瑁殿，丹青雕刻，妙极当时。又于晋阳起十二院，壮丽逾于邺下。所爱不恒，数毁而又复				• 南北朝文学的集大成者，北齐庾信（513-581年）卒，其《小园赋》说明了当时私家园林受到山水诗文绘画意境的影响 • 陕西建通达观，即玄都观 • 581-618年，苏州孙驸马园。《红兰逸乘》中有文字记载	• 兴建新都大兴城（今陕西西安）。大兴城兴建之初即开始进行城市供水及漕运河道的综合工程建设 • 营建大兴城时，宇文恺改建汉宜春后苑，凿其地为池，隋文帝称池为芙蓉池，称苑为芙蓉园。唐玄宗时恢复曲江池的名称，而苑仍名芙蓉园 • 隋文帝于陕西西安建灵感寺，唐初废寺	• 大兴城初具规模，大兴宫建成 • 隋文帝重修骊山汤，并增添宫殿建筑，广种松柏树木	• 陈后主再次修建华林园，并为宠妃修建临春、结绮、望仙三阁 • 隋文帝命宇文恺凿广通渠，又称富民渠		• 蜀王杨秀扩建成都子城，挖土筑城，并修筑人工湖，取名摩诃池，又称龙跃池，其上筑散花楼用以游宴	• 隋文帝下令沿吴王夫差所开邗沟的田道，开江淮间运河		• 隋军攻入建康城，毁坏陈宫室苑囿宗庙，建康几乎成为废墟 • 西安慈恩寺始建 • 隋文帝撤钱塘郡，置杭州州治，派杨素创建杭州城	• 晋王杨广扩建晋阳宫，名“宫城”，隋文帝改名为“新城”	• 始建杭州城
										• 隋文帝废除九品官人法，设秀才科				
					• 洛阳城市水道发达，供水和水运便利等是洛阳园林兴盛的一个重要条件									

隋朝

600年

592年	593年	594年	595年	596年	597年	598年	599年	600年	601年	602年	603年	604年	605年	606年	607年
	• 隋文帝命将作大匠宇文恺主持、规划兴建仁寿宫，为文帝的离宫，595年竣工。隋亡后，宫殿废毁			• 临汾县令梁轨于山西新绛修建绛守居园池，又名隋园、莲花池、居园池等，其址留存至今，是中国现存的唯一一座隋代园林		• 隋文帝于陕西西安附近兴建行宫，取名仙游宫 • 从京师到仁寿宫之间修建了十二处行宫			• 隋文帝于扬州大明寺内建栖灵塔，塔高九层 • 仙游宫因建舍利塔而改为仙游寺。后屡遭毁坏，现存建筑除了法王塔为隋代所建之外，其余均为清末民初重建 • 601-604年，于北京西山馀脉卢师山腰上建证果寺				• 隋炀帝命将作大匠宇文恺兴建东都洛阳，次年完工。隋名紫微城，同时开通通济渠 • 隋炀帝由洛阳乘船到扬州游览。之后分别于610年、616年再次到扬州游览，并在扬州大建宫苑，著名的御苑有长阜苑等，后毁于隋末战火 • 隋炀帝在洛阳兴建西苑，又称会通苑。唐代改名东都苑，武后时改名神都苑		• 隋炀帝到达太原，下诏营建晋阳宫
							• 工匠李春建造的安济桥（赵州桥），是世界上最早的敞肩石拱桥					• 日本使者来访。604-614年，日本前后四次派遣使者入隋	• 隋炀帝修建大运河，位于长江和大运河交汇处的扬州成为南北水陆交通枢纽，从此扬州经济兴盛，文化繁荣	• 开始实施进士科	• 裴矩（547-627年）撰《西域图记》
				• 到唐823年，绛州刺史樊宗师写有《绛守居园池记》，从中可以看到绛守居园池的大概面貌											

唐朝

610年　　620年

608年	609年	610年	611年	612年	613年	614年	615年	616年	617年	618年	619年	620年
• 开通永济渠 • 隋炀帝下令在天池湖畔兴建天池汾阳宫与宁化汾阳宫（建于581年，初名“隋阳宫”，后又发展为宫城，称为宁化“汾阳宫”），并称“上行宫”和“下行宫”。后毁于617年		• 开通江南运河	• 神通寺四门塔建成，为中国现存最早的单层塔 • 隋炀帝建扬州临江宫			• 隋炀帝于西苑十六院中建逍遥亭		• 隋炀帝于毗陵郡（今江苏常州）建造离宫别苑，之后南逃江都		• 唐朝沿用隋大兴城为都城，改名长安城，并进行改扩建工程 • 618-649年间，修建东阳公主亭子、安德山池等私家园林		
		• 南北大运河贯通	• 农民暴动，主要有瓦岗军、河北义军、江淮义军等 • 神通寺四门塔建成，为中国现存最早的单层塔	• 建筑工匠宇文恺(555-612年）卒。他曾规划主持隋代长安、洛阳等城市的建筑工程。著有《东都图记》二十卷、《明堂图议》二卷、《释疑》一卷								
						• 隋唐时期，造亭之风盛行，且造型多样，成为园中景点				• 唐代以前，主要是私家园林效仿皇家园林，唐代以来，皇家园林开始向私家园林借鉴造园技法。造园风格更趋体现文人情趣，注重表达诗情画意		

唐朝

630年

621年	622年	623年	624年	625年	626年	627年	628年	629年	630年	631年	632年	633年	634年
• 唐高祖下诏废除东都洛阳	• 唐高祖兴建弘义宫，后改称为大安宫	• 据史料记载，改建奉义监为龙跃宫，武功宅为庆善宫	• 唐高祖于陕西凤凰谷中兴建仁智宫	• 唐高祖于陕西兴建太和宫 • 唐高祖于长安县西南翠微山建翠微寺		• 627-649年间，卫国公李靖（571-649年）于今陕西三原县修筑宅园“李氏园”，又称唐园，俗称东里花园。唐代著名诗人张籍曾写诗《三原李氏园宴集》赞美，后因战乱而荒废 • 私家宅邸造园之风盛行，据《洛阳名园记》载：“唐贞观、开元之间，公卿贵戚开馆列第于东都者，号千有馀邸”。而且私宅造园之风普及到整个社会各个阶层				• 唐太宗修复扩建隋仁寿宫，并更名为九成宫	• 松赞干布始建布达拉宫作为王宫，当时称红山宫，整个宫堡规模非常宏大，外有三道城墙，内有千座宫室，是吐蕃王朝的政治中心 • 将隋洛阳宫城紫微城改名洛阳宫		• 唐太宗于隋朝大兴宫东北面兴建永安宫，后停建
	• 北京戒台寺始建，原名慧聚寺，明时改名为万寿禅寺，俗称戒坛寺或戒台寺			• 唐高祖确定了道先、儒次、佛末的三者次序			• 初唐三大书法家虞世南、欧阳询、褚遂良	• 玄奘出使印度	• 630-894年间，日本先后约20次派遣使者入唐				
						• 李世民发动“玄武门之变”，李世民即位，为唐太宗，开创贞观之治（627-649年）							

唐朝

640年

635年	636年	637年	638年	639年	640年	641年	642年	643年	644年	645年	646年	647年	648年	649年
• 东内永安宫改名大明宫 • 洛阳易福寺建成	• 翠微寺被废	• 于亳州修建老君庙，于兖州修建宣尼庙							• 唐太宗命将作大匠阎立德主持营建骊山汤的宫殿建筑，并赐名汤泉宫	• 北京悯忠寺建成，即后来的法源寺，为北京城内现存历史最悠久的古刹。后屡毁屡建	• 唐太宗令将作大匠阎立德重新修葺翠微寺，并改名翠微宫	• 唐太宗扩建仁智宫，并改名玉华宫，作《玉华宫铭》 • 西藏拉萨大昭寺始建	• 西安大慈恩寺落成 • 唐太宗在玉华宫召见高僧玄奘	• 唐高宗时改玉华宫为寺，改名玉华寺。后在唐玄宗天宝年间破败为废墟
• 基督教的一支"景教"传入中国，这是最早进入中国的基督教派	•《梁书》《陈书》《北齐书》《北周书》《隋书》 五部史书完成	• 637-649年雕凿昭陵六骏		• 裴孝源的《贞观公私画录》成书，是现存最早的中国绘画著录	• 唐平高昌	• 松赞干布迎娶文成公主入藏，其特使到长安朝见唐太宗时的情景被画家阎立本（约601-673年）表现在《步辇图》中 • 书法家欧阳询（557-641年）卒。其代表作有《梦奠帖》《九成宫醴泉铭》《化度寺故僧邕禅师舍利塔铭》等		• 唐太宗诏阎立本画长孙无忌、李孝恭、魏徵等24位功臣像于凌烟阁	• 诗人王绩（约585-644年）卒。王绩在中国诗歌史上具有重要的地位，被后世公认为山水田园诗的先驱，五言律诗的奠基人	• 玄奘印度取经归来	• 法相宗创始人玄奘完成《大唐西域记》			
											• 日本进行大化革新，将隋唐的典章制度、艺术风格大举移植日本，也确立以天皇为一国之君，并正式定国名为"日本"			

唐朝

650年　　　　　　　　660年

650年	651年	652年	653年	654年	655年	656年	657年	658年	659年	660年	661年	662年	663年
	• 唐高宗将九成宫改名为万年宫，667年又恢复九成宫之名。安史之乱后逐渐荒废		• 滕王李元婴在赣江之滨建滕王阁，即王勃笔下的滕王阁。之后进行了多次重修	• 长安城的修筑工程完工			• 长安西明寺建成					• 重建陕西西安隋灵感寺，改名为观音寺，711年再次改名为青龙寺 • 唐高宗重建大明宫，分苑林区和宫廷区两部分。次年迁入大明宫执政。大明宫又称为东内，其宫苑包括禁苑、东内苑和西内苑	• 于大明宫北面的中部低洼处凿太液池
• 唐代诗人王勃（649或650-约675年）出生。代表作《滕王阁序》《送杜少府之任蜀州》等，与骆宾王、杨炯和卢照邻合成“初唐四杰”	• 大食国遣使来访，伊斯兰教传入中国		• 颁布官书《五经正义》，即《诗》（《诗经》）、《书》（《尚书》《书经》）、《礼》（《礼记》）、《易》（《周易》）、《春秋》 • 江西南昌始建滕王阁，之后进行了多次重修			•《五代史志》修撰完成，作者于志宁、李淳风等	• 唐高宗下诏复设洛阳为东都，又称为神都或东京，开始实行长安、洛阳两京制		• 颁布《新修本草》。这是世界上第一部官修药典 •《南史》《北史》成书，是由李大师及其子李延寿两代人编撰完成的				
• 开创永徽之治		•《唐律疏议》编成，这是中国现存最完整、最古老的一部典型的封建法典										• 青龙寺是唐代长安的著名佛寺之一，是当时佛教密宗的祖庭	

唐朝

670年

664年	665年	666年	667年	668年	669年	670年	671年	672年	673年	674年	675年	676年	677年	678年	679年
					• 于长安城南建兴教寺，又名护国兴教寺，是唐代樊川八大寺院之首，位于长安县樊川的少陵原畔 • 建长安兴教寺玄奘塔，为现存最早的楼阁型方形砖塔		• 汤泉宫改名温泉宫			• 674-679年，唐高宗派司农卿韦机在东都洛阳兴建宿羽宫、高山宫及上阳宫					• 滕王李元婴在嘉陵江畔再建滕王阁，为阆中滕王阁
• 玄奘圆寂，葬于长安东南的白鹿原								• 禅宗的北宗神秀（约606-706年）、南宗慧能（638-713年） • 始凿奉先寺，有卢舍那像、弟子、菩萨、天王、力士等11尊雕像	• 画家阎立本（约601-673年）卒。有《步辇图》《古帝王图》传世		• 在洛阳龙门石窟凿成露天摩崖龛奉先寺				
• 武则天垂帘听政					• 樊川八大寺院：兴教寺、观音寺、兴国寺、洪福寺、华严寺、禅经寺、牛头寺和法幢寺										

唐朝

680年 690年

680年	681年	682年	683年	684年	685年	686年	687年	688年	689年	690年	691年	692年	693年	694年	695年
				• 唐睿宗为唐高宗百日献福建荐福寺 • 将洛阳宫改名为太初宫。城内设大内御苑陶光园 • 唐乾陵建成，为中国古代陵墓利用地形最成功的案例		• 泉州开元寺始建，原名莲花寺，后改名为兴教寺、龙兴寺。738年唐玄宗下诏天下诸州各建一寺，以年号为名，于是改名为开元寺		• 武则天在洛阳建明堂							
											• 孙过庭（646-691年）卒。孙过庭与张旭（675-750年）、怀素（725-785年）并称为草书三大家				

唐朝

700年　　710年

696年	697年	698年	699年	700年	701年	702年	703年	704年	705年	706年	707年	708年	709年	710年	711年
696-697年，佛教华严宗高僧华严和尚来北京潭柘寺开山建寺，并改寺名为龙泉寺。唐代会昌年间，唐武宗下令在全国排毁佛教。潭柘寺也因此而荒废		• 唐睿宗诸子将私宅建于东都积善坊，史称五王宅		• 武则天于河南登封建行宫，取名三阳宫	• 701-704年，玄奘为藏经典而修建大雁塔，坐落于慈恩寺内，故又称为慈恩寺塔				• 705-709年，太平公主于长安城南修建南庄；安乐公主于城西修建西庄；长宁公主于城内建东庄 • 705-709年，诗人韦嗣立于骊山西南山麓建别业，其居曰清虚原幽栖谷。韦嗣立在洛阳也有龙门北溪别业		• 小雁塔建成，坐落于荐福寺内		• 安乐公主于长安建成定昆池	• 将大兴宫改称为太极宫，其宫苑被称为西内苑，位于太极宫以北，因而又称北苑	
				• 纺织印染的新技术镂版印染和涂蜡印染开始流行	• 浪漫主义诗人李白（701-762年）出生 • 盛唐诗人的代表王维（701-761年）出生，水墨山水画派的创始人							• 颜真卿（708-784年）出生，其书法被称为“颜体”		• 710年刘知几的《史通》完成 • 金城公主出嫁吐蕃	

唐朝

720年

712年	713年	714年	715年	716年	717年	718年	719年	720年	721年	722年	723年	724年	725年	726年	727年
• 唐玄宗将其为太子时的府邸隆庆坊改名为兴庆坊 • 712-755年，唐玄宗在长安城曲江池上修建内苑，取名芙蓉苑	• 713-741年，大兴宫苑及宅园建设之风 • 713-741年，布衣文人陆鸿一归隐嵩山之后，经营庄园别业，史称嵩山别业，并作《嵩山十志十首》 • 713-741年，唐玄宗为“斋心敬道”，奉祀老子，于北京建道教全真三大祖庭之一的天长观	• 唐玄宗将其同父异母四位兄弟的府邸迁往兴庆坊以西、以北的邻坊，将兴庆坊全坊改为兴庆宫。建宫后，兴庆池改名龙池						• 于兴庆宫西南建成勤政务本楼，楼前种植柳树						• 唐玄宗将永喜坊南部并入兴庆宫	
• 诗人杜甫（712-770年）出生 • 712-755年，开凿乐山大佛，历时九十年方竣工					• 于乾元殿完成经、史、子、集四分类法，置乾元院使					• 记述长安、洛阳两京城城市生活的最早著作《两京新记》成书，作者韦述（？-757年）			• 乾元院使改名集贤殿书院，通称集贤院 • 僧一行（673-727年）主持了世界上第一次对子午线长度的测量	• 金银器与金属工艺开始发达	
	• 713-741年，开元时期。迎来开元之治，又称开元盛世														

唐朝

728年	729年	730年	731年	732年	733年	734年	735年	736年	737年	738年	739年	740年	741年	742年	743年
• 经过多次的扩建和修建，兴庆宫正式成为玄宗听政之所，号称“南内”				• 唐玄宗下令在兴庆宫宫墙东，修筑夹城，连接大明宫、曲江池、芙蓉园						• 唐玄宗下诏天下诸州各建一寺，以开元年号为名，于是全国各地建成多座开元寺，并保留至今				• 742-756年，宅园建设达到登峰，长安城私家园林数量达到巅峰 • 修建祭祀天神的集灵台，又名长生殿 • 742-756年，王维于陕西蓝田辋川购得诗人宋之问的别墅，将其改建，更名为辋川别业，并为之赋诗作画 • 742-756年，四川乐山建乌尤寺	
										•《唐六典》约成书于738年，即《大唐六典》，是我国最早的一部管制法典	• 唐三彩开始发达				

唐朝

750年

744年	745年	746年	747年	748年	749年	750年	751年	752年	753年	754年	755年	756年	757年	758年	759年
			• 唐玄宗命扩建汤泉宫，改名华清宫，其规划布局以首都长安城作为蓝本。五代十国时华清宫被改为“灵泉观”，明朝时又开始修缮								• 755-762年间，私家园林数量锐减			• 于北京香山平坡山上建平坡寺，即香界寺，为八大处主寺	
							• 大食军在怛罗斯（今哈萨克共和国东南部江布尔城）击败唐朝远征军。中国造纸术通过被俘工匠西传		• 鉴真和尚东渡日本		• 陆羽（755-804年）出生，以著世界第一部茶叶专著——《茶经》闻名于世	• 史料集《建康实录》成书，共20卷，记载了定都建康的三国吴、东晋、宋、齐、梁、陈六朝史事，作者许嵩			• 吴道子（约680-759年）卒。吴道子擅人物、佛道、山水等，有“画圣”之誉
											• 安史之乱爆发				• 日本奈良建唐招提寺，中国鉴真法师主持

唐朝

760年　　　　770年

760年	761年	762年	763年	764年	765年	766年	767年	768年	769年	770年	771年	772年	773年	774年	775年
• 为避安史之乱，杜甫于成都城西浣花溪畔建杜甫草堂，两年后竣工，并作《寄题江外草堂》描述兴建过程						• 于北京翠微山东麓建灵光寺，初名龙泉寺	• 宦官鱼朝恩献出通化门外所赐庄宅修造章敬寺，以为章敬太后求福			• 唐代宗重修和扩建轩辕庙 • 唐代宗花费巨资于山西五台山建造金阁寺及园。金阁寺736年由道义草创，后代宗命泽州僧道环起工事，767年落成，今寺内大部分建筑物，如大殿、讲堂等，系清朝后所建造	• 全面修葺杭州灵隐寺及园。唐末“会昌法难”，灵隐寺受牵连，寺毁僧散				
												• 现实主义诗人白居易（772-846年）出生	• 柳宗元（773-819年）出生		
		• 安史之乱平息													

唐朝

780年　　　　790年

776年	777年	778年	779年	780年	781年	782年	783年	784年	785年	786年	787年	788年	789年	790年	791年
					• 汴州节度使李勉重筑汴州城，为之后的开封建设打下了基础										
		• 柳公权（778-865年）出生，创造“柳体”				• 五台山重建南禅寺大殿，是中国现存最早的木构建筑			• 颜真卿（709-785年）卒，唐代书法家，其书法理论有《述张长史笔法十二意》，书法作品有《竹山堂联句诗贴》《祭侄稿》等，碑刻作品有《多宝塔碑》《争座位》等				•《诗式》成书，中国古代诗歌理论专著，作者为诗人、茶僧皎然（730-799年）		
				•“两税法”的实施，进一步导致土地买卖成为封建地主取得土地的重要手段											

唐朝

800年

792年	793年	794年	795年	796年	797年	798年	799年	800年	801年	802年	803年	804年	805年	806年	807年
													• 唐宪宗元和年间，翠微宫被废为寺，改名翠微寺		
									• 801年杜佑完成《通典》，这是我国历史上的第一部制度通史 • 韩愈（768-824年）、柳宗元（773-819年）发起“古文运动”		• 唐代著名诗人杜牧（803-约852年）出生，著有《阿房宫赋》《樊川文集》等		• 出现“飞钱”“便换”等形式汇兑	• 朱景玄著《唐朝名画录》	

唐朝

810年　　820年

808年	809年	810年	811年	812年	813年	814年	815年	816年	817年	818年	819年	820年	821年	822年	823年
								• 白居易于庐山建“庐山草堂”，自作《草堂记》	• 浚修太液池，并在池周围建造回廊四百间，使其周围绿水弥漫，殿廊相连成为一处著名的宫苑风景区 • 柳宗元作《柳州东亭记》，突显其园林匠心					• 白居易出任杭州刺史，在杭州治理西湖，疏通六井，并筑建西湖湖堤	• 奕宗师作《绛守居园池记》
					• 李吉甫完成《元和郡县图志》					• 宪宗遣使至法门寺迎佛骨					• 唐蕃会盟碑立于逻些（今拉萨）

唐朝

830年

824年	825年	826年	827年	828年	829年	830年	831年	832年	833年	834年	835年	836年	837年	838年	839年
• 白居易返回洛阳，于履道里购得已故散骑常侍杨凭的故宅，加以改建为宅园，并为之作《池上篇》。这是白居易的第二个私人园林	• 名相李德裕（787-849年）于洛阳城外建平泉山居 • 825-827年，白居易出任苏州刺史，建虎丘白公堤，又名白沙堤	• 于苏州天平山南麓始建白云古刹，初为白云庵，以白云泉得名。1044年成为范仲淹祖祠				• 830-840年，李德裕建四川新繁东湖，属公署园池					• 唐文宗命神策军开凿曲江、昆明二池，准许达官显贵于曲江沿岸兴建宅园；并修复紫云楼、彩霞亭 • 名相裴度(765-839年）于东都洛阳集贤里营建宅园。同时于午桥建别墅，内设有凉台暑馆，取名绿野堂。北宋时期后改建、修葺，改名为湖园		• 宰相牛僧儒（780-848年）于东都洛阳归仁里修筑宅园，取名归仁园		
													• 开成石经，又唐石经完成		
											• 宦官专权与“甘露之变”				

唐朝

840年　　　　850年

840年	841年	842年	843年	844年	845年	846年	847年	848年	849年	850年	851年	852年	853年	854年	855年
			• 白居易作《太湖石记》，是中国第一篇关于太湖石的文献				• 重修成都宝光寺								
• 名相李德裕的《平泉草木记》完成	• 841–845年，武宗灭佛，史称“会昌法难”					• 李忱（后为唐宣宗）下令复兴佛教	• 张彦远著成《历代名画记》，此为中国第一部绘画史专著								

唐朝

860年 870年

856年	857年	858年	859年	860年	861年	862年	863年	864年	865年	866年	867年	868年	869年	870年	871年
	• 重建五台佛光寺大殿，为现存唐代殿堂型构架唯一建筑物。同时整修该寺院的园林														
											• 佛教中国化——三论宗、天台宗、法相宗、华严宗、律宗、禅宗等宗派出现	• 我国最早的雕版印刷品《金刚经》印刷			

唐朝

880年

872年	873年	874年	875年	876年	877年	878年	879年	880年	881年	882年	883年	884年	885年	886年
													• 885-887年，割据军阀李茂贞（856-924年）于陕西凤翔城东修筑宅园	
				• 唐代学者陆广微撰成《吴地记》一卷，多记古国吴地之事			•《笠泽丛书》成书，作者陆龟蒙（？-881年），唐代文学家、农学家。该书共4卷，为诗、赋、颂、铭、记等杂文集，详细讲述农具的《耒耜经》也收录在此丛书中							
		• 874-884年，黄巢之乱，唐王朝进入军阀混战时期												

唐朝

890年 900年

887年	888年	889年	890年	891年	892年	893年	894年	895年	896年	897年	898年	899年	900年	901年	902年
										• 诗人司空图（837-908年）修葺旧有的、位于中条山王宫峪的别墅，并修建庭园					
					• 大足石刻开凿，历经后梁、后唐、后晋、后汉、后周五代至南宋1162年完成，历时250余年										
							• 日本废除了遣唐使								

910年

	903年	904年	905年	906年	907年	908年	909年	910年	911年	912年	913年	914年	915年	916年	917年
	唐朝				五代十国										
		• 唐末战乱，大明宫毁于战火，都城迁往洛阳			• 907-978年，吴越立国期间，在杭州境内兴建了150多座寺院与数十座塔幢，为杭州成为著名的佛教风景胜地奠定了基础，著名的“西湖四塔”（保俶塔、六和塔、雷峰塔、白塔）都建于此时 • 907-978年，吴越立国期间，苏州园林建造出现了一个高潮。贵族官僚在杭州、苏州营建府宅园林盛极一时 • 907-978年，吴越立国期间，吴越王钱镠（852-932）之子钱元璙在苏州造金谷园，即环秀山庄前身				• 911-914年，后梁袁象先（864-924年）于洛阳建宅园。后来宋代在此基础上继续修建，成为著名的松岛园				• 前蜀皇帝王建（847-918年）在成都修建新皇宫时，将摩诃池纳入宫苑，改名龙跃池		
								• 钱镠自月轮山（今六和塔所在）起至艮山门修筑钱塘江捍海塘，以防海潮。世称“钱氏捍海塘”或“钱氏石塘”							
					• 五代（北方）即后梁、后唐、后晋、后汉、后周；十国（南方）即南唐、前蜀、后蜀、吴、吴越、楚、闽、南汉、荆南、北汉（建立于北方）										

五代十国

920年　　930年

918年	919年	920年	921年	922年	923年	924年	925年	926年	927年	928年	929年	930年	931年	932年	933年
	• 919-925年，前蜀黄帝王衍（899-926年）在位期间大兴土木，扩建皇宫，取名宣华苑，苑内建重光殿、太清殿、怡神亭等殿亭宫苑多处，改龙跃池为宣华池 • 南汉刘龑帝凿长湖，史称西湖或仙湖，湖中建洲，取名药洲		• 921-923年，唐末将领李克用（856-908年）在山西代州建柏山寺东西花园												

934年	935年	936年	937年	938年	939年	940年	941年	942年	943年	944年	945年	946年	947年	948年	949年
五代十国													辽		
		• 936-944年，吴越广陵郡王钱元璙于苏州建南园、东庄；于嘉兴南湖建烟雨楼 • 936-944年，吴越中吴军节度使孙承祐于苏州建孙承祐池馆，为沧浪亭前身	• 937-958年，南唐年间，在其国都南昌府建有齐丘园，在东湖建有隐逸园			• 浙江嘉兴南湖始建烟雨楼，之后多次被毁多次重建									
	• 蜀主孟昶创立翰林图画院，为中国历史上出现最早的画院					• 后蜀赵崇祚编纂完成我国第一部词集《花间集》 • 南唐在庐山建白鹿洞学馆，开书院讲学之先河					• 后晋刘昫、张昭远等编撰完成《唐书》				
				• 后晋高祖将燕云十六州之地献出，使得辽国的疆域扩展到长城沿线											

五代十国										北宋			
辽													
950年										960年			
950年	951年	952年	953年	954年	955年	956年	957年	958年	959年	960年	961年	962年	963年
		• 河南安阳文峰塔始建，之后经过多次重修。全国多地都建有文峰塔，建造时间不同		• 吴越国主钱弘叔在南屏山麓建佛寺慧日永明院，后来成为与灵隐寺并峙于南北的西湖两大佛教道场之一的净慈寺	• 于汴州城外修筑一座外城，以开拓街坊		• 于开封新郑门外兴建金明池 • 泉州建南禅寺。原为晋江王留从效的花园		• 姑苏虎丘云岩寺塔始建		• 姑苏虎丘云岩寺塔建成，虎丘风景园成为姑苏一大名胜	• 宋太祖扩建开封皇城，营建后苑	
										• 翰林国画院成立于北宋开国之初 •《百家姓》成书于北宋初	• 画家顾闳中创作《韩熙载夜宴图》 • 961-975年，南唐后主李煜在位，李煜被称为"千古词帝"，写有千古杰作《虞美人》《浪淘沙》《乌夜啼》等词		
										• 宋代园林小型化的趋势比较明显，园林小品等人工景观增多以及功能的多样化是宋代以来园林的特征。造园手法和技巧在宋代得到整合和发展 • 简约是宋代造园乃至艺术创作的特征			

北宋

辽

970年

964年	965年	966年	967年	968年	969年	970年	971年	972年	973年	974年	975年	976年	977年	978年	979年
• 宋太祖于河南开封顺天门外建琼林苑，并在之后不断扩建、修葺。北宋初年，琼林苑、金明池、宜春苑与玉津苑为汴京四苑，其也是宋代四大皇家园林			• 吴越王钱俶于钱塘门外建望湖楼，又称先得楼		• 宋太宗即位前于赐府中建潜龙园，后改名为奉真园	• 杭州六和塔始建		• 南屏山麓另一座著名的佛刹兴教寺始建			• 吴越国王钱俶为庆祝黄妃得子而建雷峰塔，初名黄妃塔	• 于琼林园北穿金明池 • 泉州府文庙始建，后该庙移到别处，1109年移回并重建 • 岳麓书院创建		• 978-1008年，工部侍郎董俨（？-1008年）营建西园、东园 • 据《武林梵志》记载，于浙江杭县始建香积寺，原名兴福寺，后毁于大火，又被多次重建	
	• 画家黄筌卒（生年不详）。他擅花鸟，工整富丽，人称“黄家富贵”，传世作品有《写生珍禽图》					• 火药正式用于武器制造			• 宋科举殿试成为制度				• 977-978年，第一部古代文言文纪实小说总集《太平广记》500卷完成，作者李昉等十四人		

980年 990年

	980年	981年	982年	983年	984年	985年	986年	987年	988年	989年	990年	991年	992年	993年	994年	995年
北宋			• 为宋太宗检阅水军操练而开凿金明池。后改建为皇家园林	• 辽萧肖太后建三花园，一处宜府城，一处城东，一处怀来						• 汴梁八角十三层开宝寺木塔建成，设计者为喻皓（《木经》的作者）。后在宋仁宗庆历年间（1041-1048年）的一次火灾中被烧毁	• 宋宰相赵普于洛阳建造宅园，后被称为赵韩王园					
辽					• 蓟县建独乐寺											

北宋

辽

1000年　　1010年

996年	997年	998年	999年	1000年	1001年	1002年	1003年	1004年	1005年	1006年	1007年	1008年	1009年	1010年	1011年
• 子谦和尚于绍兴建天章寺，专门收集、存放皇帝的御札。1026年宋仁宗御书“天章之寺”四字，并刻碑额。后毁于元朝							• 绛州通判孙冲撰《重刻绛守居园池记序》，记载了绛守居园池的变化		• 宋宰相吕蒙正于洛阳建宅园，取名吕文穆园		• 辽中京建皇家园林南园			• 自泰山迎来“天书”供奉于含芳园，并将园名改为瑞圣园	
			• 包拯（999-1062年）出生		• 始建定州开元寺塔，中国现存最高砖塔	• 宋观测到狮子座流星雨					• 欧阳修（1007-1072年）出生，“古文运动”的代表人物	• “西昆体”（《西昆酬唱集》）代表人物杨亿、刘筠等	• 苏洵（1009-1066年）出生，其子苏轼（1036-1101年）、苏辙（1039-1112年）合称“三苏”，均被列入“唐宋八大家” • 1009年泉州始建清净寺		

北宋

辽

1020年

1012年	1013年	1014年	1015年	1016年	1017年	1018年	1019年	1020年	1021年	1022年	1023年	1024年	1025年
	• 辽圣宗建玉泉山行宫。金章宗时期在玉泉山顶建芙蓉殿									• 1022-1063年，龚宗元于苏州大酒巷建中隐堂	• 1023-1032年，重建太原晋祠，建造了圣母殿，并在殿前建鱼沼飞梁		
								• 张载（1020-1077年）出生，与周敦颐（1017-1073年）、邵雍（1011-1077年）等同为北宋道学的代表人物 • 建奉国寺，该寺大雄宝殿内有7身大佛及14身胁侍菩萨					

北宋

辽

西夏

1026年	1027年	1028年	1029年	1030年	1031年	1032年	1033年	1034年	1035年	1036年	1037年	1038年	1039年	1040年	1041年
			• 奉真园改名为芳林园，后被金兵毁坏 • 冯允成在吴县县厅西作延射亭				• 于北京建隐寂寺，明代时改名大悲寺		• 苏州知州范仲淹在南园遗址上建苏州文庙和府学，设置池圃，为苏州最早的书院式园林	• 宋仁宗下诏先后修建了洪义宫、永兴宫、积庆宫、延昌宫、章敏宫、长宁宫、崇德宫、兴圣宫、郭睦宫、文宗王府等宫苑			• 北宋书学理论家朱长文（1039-1098年）出生，所居园宅名为乐圃园		• 宋庠（996-1066年）贬至扬州，于府衙西北扩建已荒芜多年的郡圃
	• 王惟一铸针灸铜人，用以观察人体穴位经络					• 程颢（1032-1085年）出生，与程颐（1033-1107年）同为洛学的代表人物				• 西夏开始创造文字		• 建赵县陀罗尼经幢 • 大同建薄迦教藏殿，现存辽代塑像31身，为辽代雕塑的代表作			• 1041-1048年，毕昇（990-1052年）发明活字印刷术
															• 宋代扬州园林中官家园林非常兴盛

北宋

辽

西夏

1050年

1042年	1043年	1044年	1045年	1046年	1047年	1048年	1049年	1050年	1051年	1052年	1053年	1054年	1055年	1056年	1057年
• 枢密直学士蒋堂在城内灵芝坊建隐圃，并作赋《隐圃十二咏》赞美其园林			• 诗人苏舜钦（1008–1048年）购得吴越国广陵王钱元璙近戚中吴军节度使孙承祐的废园，并将其修筑为私园，题名沧浪亭，并作《沧浪亭记》	• 欧阳修于滁州大丰山建丰乐亭，并作《丰乐亭记》及《丰乐亭游春三首》 • 范仲淹应滕子京的邀请，为重修的岳阳楼作《岳阳楼记》	• 松岛园主李迪（971–1047年）卒 • 琅琊寺僧智仙于滁州琅琊山建醉翁亭，亭名由欧阳修命名并撰写《醉翁亭记》	• 婉约派词人晏殊自颍州移知陈州得旧园，改造，并作《庭莎记》 • 时任扬州太守的欧阳修于扬州市西北郊蜀冈中峰大明寺西南营建平山堂 • 苏舜钦卒，沧浪亭后归章、龚二氏。章氏大加扩建，其胜名甲东南 • 河北定州建众春园	• 1049–1054年，北宋宣徽南院使王拱辰（1012–1085年）于洛阳建宅第，园中的华亭和凉榭均为溪水环抱，故称环溪园，又称溪园						• 韩琦（1008–1075年）在河南安阳建昼锦堂于安阳州署后园		
			• 书法家黄庭坚（1045–1105年）出生，“江西诗派”的代表人物				• 开封开宝寺塔重建，以琉璃砖为材料，俗称“铁塔” • 1049–1053年间，蔡襄（1012–1067年）作茶学著作《茶录》		• 米芾（1051–1107年）出生，书法家、画家	• 范仲淹（989–1052年）卒 • 兴建正定隆兴寺摩尼殿，是为中国唐宋古建筑的代表作之一			• 我国现存最高的砖塔——定州开元寺塔建成	• 辽应县木塔（佛宫寺释迦塔）建成，为现存世界上最高的土结构建筑	• 1057年前后，刘道醇的《圣朝名画评》成书

北宋

辽

西夏

1060年　　　　　　　　　　　　　　　　　　　　1070年

	1058年	1059年	1060年	1061年	1062年	1063年	1064年	1065年	1066年	1067年	1068年	1069年	1070年	1071年	1072年	1073年
					• 西京大同华严寺建成						• 1068-1077年，梅宣义在平江桃花坞筑亭治园，取名五亩园，又称梅园。据谢绥之《五亩园小志》载，原本这里是西汉时一位姓张的长史隐居植桑之地，俗称桑园			• 宰相富弼（1004-1083年）于洛阳建宅园，即富郑公园		• 司马光（1019-1086年）因反对王安石变法，离京来到洛阳，在城北置地辟为园林，建独乐园，并著《独乐园记》
		• 刘道醇的《五代名画补遗》完成		• 苏颂撰著的《图经本草》完成		•《集古录》完成，作者欧阳修										• 画家郭熙创作《早春图》
												• 1069-1076年，王安石变法				

北宋

辽

西夏

1080年

1074年	1075年	1076年	1077年	1078年	1079年	1080年	1081年	1082年	1083年	1084年	1085年	1086年	1087年	1088年
			• 王安石回到金陵后，在城东门到钟山途中的白塔为自己建造了私宅，取名为半山园	• 1078-1085年，朱长文在吴越金谷园旧址上建宅园，取名乐圃，为环秀山庄的前身 • 郭熙作《窠石平远图》。郭熙，北宋画家、绘画理论家，生卒年不详，著有中国第一部山水画论《林泉高致》（为其子郭思纂集）	• 苏轼为安徽灵璧张氏的兰皋园亭作《灵璧张氏园亭记》。据传灵璧张氏园亭又名兰皋园亭，为宋仁宗时殿中丞张次立于1024-1032年间所建					• 王安石上书宋神宗请求以自己的住宅半山园改建寺院， 神宗赐额“报宁排夺”，又称半山寺 • 彭延年（1009-1095年）因反对王安石变法被贬潮州知府，后隐居揭阳浦口村，建彭园		• 1086-1093年，苏州昆山周庄镇建澄虚道院，俗称圣堂 • 苏州昆山周庄镇建全福寺	• 米芾迁居润州丹徒，最初于城西筑室，取名海岳庵。此为西海岳，1100年，毁于北固山大火。于是迁居城东，建东海岳。同时在北固山下还建有一座净名斋。此外在南郊鹤林寺附近还有一处精舍，“城市山林”横额即题于此 • 中书侍郎李清臣（1032-1102年） 改建洛阳归仁园	• 1088-1093年，沈括（1031-1095年）定居镇江，筑梦溪园，完成《梦溪笔谈》
• 1074年，郭若虚著成《图画见闻志》			• 宋敏求（1019-1079年） 在1068-1077年间撰《长安志》，20卷，是中国现存最早的古都志							•《资治通鉴》成书，主持编纂者为司马光 • 北宋书学理论家朱长文（1039-1098年）撰写《吴郡图经续记》三卷 • 李清照（1084-1155年） 出生，其词风被称为易安体	• 张择端（1085-1145年） 出生，《清明上河图》的作者		• 沈括耗时二十年编绘的《天下州县图》完成	

北宋

辽

西夏

1090年　　1100年

1089年	1090年	1091年	1092年	1093年	1094年	1095年	1096年	1097年	1098年	1099年	1100年	1101年	1102年	1103年	1104年
• 苏轼任杭州知府时，疏浚西湖，取湖泥葑草堆筑苏堤春晓，俗称苏公堤。并在湖中立起三座石塔，作为规定不能栽种菱角的区域，以免导致西湖再度淤塞。苏轼三塔在元朝时被毁					• 改建丛春园 • 1094-1097年间，广州太守章质夫在五亩园南拓地营造了一座桃花坞别墅，俗称章园	• 北宋文学家李格非（约1047-1107年） 撰成《洛阳名园记》，记述洛阳园林20处，其中18处为私家园林。《洛阳名园记》中记述的园林有：富郑公园、 环溪（王开府宅园）、湖园、苗帅园，赵韩王园、大字寺园、董氏西园、董氏东园、独乐园、刘氏园、丛春园、松岛、水北、胡氏园、东园、紫金台张氏园、吕文穆园、归仁园、李氏仁丰园。还有一处寺观园林天王院花园子		• 宰相文彦博（1006-1097年）卒，生前营建洛阳东园	• 黄庭坚在四川宜宾仿王羲之《兰亭集序》意境建流杯池			• 宋徽宗为修景灵西宫下令苏州、湖州知府采集太湖石运至东京（今开封）	• 在南方设立苏杭造作局		
			•《考古图》 完成，作者吕大临（约1042-约1092年）		• 推测《东轩笔记》十五卷成书，该书记载了北宋太祖到神宗六朝旧事，作者魏泰				• 李鹿著《德隅斋画品》		•《营造法式》成书，是将作监李诫（1035-1110年）在两浙工匠喻皓的《木经》的基础上编成的			• 画家王希孟创作《千里江山图》 • 抗金英雄岳飞（1103-1142年）出生	• 北宋于国子监设画学，专门培养宫廷绘画人才

北宋

辽 | 金

西夏

1110年 1120年

1105年	1106年	1107年	1108年	1109年	1110年	1111年	1112年	1113年	1114年	1115年	1116年	1117年	1118年	1119年	1120年
• 1105年左右，朱勔（1075-1126年）奉迎宋徽宗，主持苏州应奉局，趁宋徽宗“花石纲”之事，搜刮民财，自建同乐园，后被毁	• 北宋时期著名文学家晁补之（1053-1110年）遭贬返乡，修建归来园，自号归来子 • 画家李公麟（1049-1106年）卒。李公麟晚年归隐安徽桐城龙眠山，建龙眠山庄。作品有《龙眠山庄图》，又名《山庄图》	• 米芾（1051-1107年）卒；米芾在镇江筑园名海岳庵		• 宰相蔡京罢官而归，皇帝诏以苏州南园赐之		• 1111-1118年，于金明池内建殿宇楼台 • 无锡创建东林书院，又称龟山书院，我国古代著名书院之一		• 始建东京延福宫 • 修建玉清和阳宫，后改称玉清神霄宫		• 宋徽宗笃信道教，于宫城之东北部建道观上清宝箓宫，与延福宫东门相对		• 宋徽宗下令于上清宝箓宫的东北部兴建宫苑，1122年完工，初名万岁山，后改名艮岳、寿岳，或连称寿山艮岳，亦号华阳宫		• 修建宝真宫	
		• 1107-1110年，杨克一辑《集古印格》，是中国最早的印谱			• 北宋将画学并入画院									• 宋徽宗废佛入道，改寺院为道观，改佛、菩萨为金仙、仙人、大士，和尚为德士、尼为女德等，但次年即恢复佛教	• 方腊起义
	• 晁补之与张耒、黄庭坚、秦观并称苏门四学士														

北宋	南宋
辽	
金	
西夏	

1130年

1121年	1122年	1123年	1124年	1125年	1126年	1127年	1128年	1129年	1130年	1131年	1132年	1133年	1134年	1135年
• 正月，罢苏杭造作局及花石纲，4月仍复诏花石纲		• 词人叶梦得（1077-1148年）于苏州兴建宅园，取名石林精舍			• 四川僧人祖秀到艮岳，后著《宣和石谱》，记艮岳叠石手法六十余种 • 金人围攻汴京，艮岳被毁	• 1127-1271年，南宋行宫御园众多，有樱桃园、德寿宫、集芳园、玉壶一园、聚景园、屏山园、南园、一延祥园、天竺园、玉津园、富景园等。杭州园林繁荣，记园杂集著名者有周辉之《清波杂志》，王应麟之《玉海》，灌圃耐得翁之《都城记胜》等			• 1130-1140年，越中大户沈氏建宅园，取名沈园，俗称沈钗头凤题词氏园	• 宋高宗下诏兴建临安宫殿，以凤凰山西北为大内御苑，史称后苑 • 名将韩世忠（1089-1151年）得苏州沧浪亭，改名韩园 • 1131-1149年，扬州兴建私家园林之风盛行，郑兴裔建矗云亭，郭果建羽挥亭，满泾建申申亭，陶谷建秋声馆以及朱氏园、丽芳园、壶春园等 • 1131-1162年，于临安新门外兴建皇家园林富景园，即东御园，俗称东花园，富景园与德寿宫相邻，为德寿宫后囿 • 1131-1162年，建皇家御苑东太乙宫后囿、景灵宫御花园、延祥园等 • 1131-1162年，将原张婉仪园改建为御苑，取名集芳园 • 南宋以吴越子城为基础修建皇城				• 推测《石林燕语》十卷成书于1135年或1136年，作者叶梦得。该书为宋代史料笔记
		•《西清诗话》成书，为福建最早的诗话，作者蔡绦	• 画家李唐绘《万壑松风图》	•《宣和画谱》编成 • 陆游（1125-1210年）出生					• 朱熹（1130-1200年）出生，宋代理学的集大成者			• 中国第一部论石专著《云林石谱》成书，这是我国古代最完整、最丰富的一部石谱，记述观赏石116种，作者杜绾		

• 南宋以来，徽州园林得到发展

南宋

金

西夏

1140年　　　　　　　　　　　　1150年

	1136年	1137年	1138年	1139年	1140年	1141年	1142年	1143年	1144年	1145年	1146年	1147年	1148年	1149年	1150年
			• 南宋的行宫御苑大部分分布在西湖风景优美的地段，如湖北岸的集芳园、玉壶园，湖东岸的聚景园，湖南岸的屏山园、南园，湖中小孤山上的延祥园、下竺园，此外还有真珠园、庆乐园、显应观等，逐渐形成富有诗情画意的“西湖十景”			• 金熙宗到北京潭柘寺进香礼佛，并拨款对潭柘寺进行了整修和扩建，赐寺名为大万寿寺 • 1141-1148年，金改建辽代宫室	• 名将韩世忠于临安飞来峰建翠微亭。韩世忠的私园还有梅庄园、斑衣园等 • “南宋中兴四将”之一的刘光世（1089-1142年）卒，其生前拥有的私园主要有玉壶园、秀野园、隐秀园等 • 陆游（1125-1210年）在绍兴作《钗头凤·沈园》		• 平江（今苏州）郡守王唤建西斋、四照亭 • 平江郡守王映重修筑齐云楼			• 郑滋（？-1149年）于苏州北池之北重建池光亭 • 追述北宋都城东京城市风貌的著作《东京梦华录》撰成，作者孟元老。书中对城市寺观园林的情况有详细记载 • 于临安嘉会门外建皇家御苑玉津园、太乙宫、万寿观			
					• 辛弃疾（1140-1207年）出生	• 南宋建太社太稷、皇后庙、督亭驿、太学等		• 陈亮（1143—1194年）出生，与叶适同为“永嘉学派”的代表人物					• 1148年左右大足石刻完成 • 1148年左右，南宋建九宫贵神坛		
			• “西湖十景”：苏堤春晓、柳浪闻莺、花港观鱼、曲院风荷、平湖秋月、三潭印月、断桥残雪、雷峰夕照、南屏晚钟、双峰插云												

南宋

金

西夏

1160年

1151年	1152年	1153年	1154年	1155年	1156年	1157年	1158年	1159年	1160年	1161年	1162年	1163年	1164年	1165年	1166年
• 金的第一个皇帝完颜亮在北京建行宫		• 杭州六和塔重建 • 金大力营建宫殿园苑。在宫城内建了鱼藻池、鱼藻殿以及广乐园。此外，还有瑶光殿、香阁、凉楼等建筑	• 签书枢密院兼权参知政事汪勃辞官还乡，于安徽黟县碧山建宅园，取名培筠园，为古徽州罕见的宋代私家园林	• 1155-1162年，沈德和于湖州吴兴城南筑园，以湖石著称，人称南沈尚书园；沈宾王于湖州吴兴城北筑园，以湖水著称，人称北沈尚书园		• 平江郡守蒋璨建坐啸斋	• 泉州的民间书院以朱熹的小山丛竹亭额为名，改为小山丛竹书院，也称小山书院，与其他的三所书院——泉山书院、石井书院和欧阳书院并称为泉州四大书院	• 扩建皇家御苑屏山园，即南屏御苑（宋理宗帝时改称为翠芳园）	• 平江郡守朱翌建东斋 • 唐道观天长观遭火灾焚烧殆尽	• 平江郡守洪遵建秀野堂 • 1161-1189年，金世宗时期，在燕京营建了琼华岛。有大宁宫（后更名宁寿宫、寿安宫、万宁宫）、琼林苑，苑内有横翠殿、宁德宫。西园有瑶光台及瑶光楼 • 1161-1189年，金世宗时期，在燕京营建了大量的御苑，见于文献记载的有大内御苑：西苑、东苑、南苑、北苑，以及行宫御苑兴德宫，其中包含中都八苑：芳园、南园、北园、熙春园、琼林苑、同乐园、广乐园、东园	• 宋高宗将秦桧的旧第改建为离宫，并更名为德寿宫。宅园扩建为御苑，名为德寿宫后苑 • 北京唐龙泉寺更名为觉山寺	• 南宋“三洪”之一的洪迈（1123-1202年）著《容斋随笔》，并于鄱阳城西滨洲的芝山脚下营建野处园	• 南宋“三洪”之一的洪遵（1120-1174年）罢官归鄱阳，筑小隐园		• 南宋“三洪”之一的洪适（1117-1184年）返回家乡潘阳，建盘洲别业，后作《盘洲文集》 • 北宋名将杨业的玄孙杨存中卒，其生前私园主要包括云洞园、水月园、环碧园、瞰碧园、秀芳园、养鱼庄，其中环碧园后改称慈明殿园，水月园后归赵秀王所有，改称为赵秀王府园
	• 泉州安平桥落成，其长约5华里，是古代最长的连梁式石板桥						• 山西岩山寺始建，寺内的壁画均由宋、金时期的宫廷画师所绘		• 史地杂记《六朝事迹编类》撰成，共14卷，张敦颐撰		• 追诏岳飞原职，以礼改葬于栖霞岭下。同年，赐北山显明寺为其功德院，即今岳王庙	• 犹太教寺院始建于开封			• 李唐（1166—1150年）出生。南宋山水画家李唐、刘松年、马远、夏圭并称为“南宋四家”

南宋

金

西夏

1170年　　1180年

1167年	1168年	1169年	1170年	1171年	1172年	1173年	1174年	1175年	1176年	1177年	1178年	1179年	1180年	1181年
• 金世宗敕命重修天长观，1174年竣工，金世宗赐名十方天长观 • 1167-1187年，南宋著名田园诗人范成大（1126-1193年）在石湖边开始建造农圃堂。此后又陆续在湖边建造了梦渔轩、盟鸥亭、绮川亭等。在上方山麓则建有玉雪坡、锦绣坡、此山堂、千岩观、说虎轩等，后人将其总称为“石湖旧隐”。石湖旧隐开创了苏州士大夫在石湖之滨构筑别业的先河		• 1169年左右，文学家沈清臣于吴兴建潜溪阁 • 泉州郡守王十朋割奉钱，创贡院，取名万桂堂，后不断增建			• 于香山南坡建永安寺，后于乾隆时期改称香山寺		• 1174-1189年，扬州文人藏书家史正志于苏州建宅园，取名万卷堂，花园名为渔隐，后荒废，为网师园前身 • 1174-1189年，南宋政治家程大昌（1123-1195年）于吴兴城中建程尚书园，于城外建别墅，取名程氏园					• 金世宗在琼华岛建离宫，为了堆叠琼华岛上的假山，专门派人拆下汴京艮岳的太湖山石运到岛上，并在岛之最高处建广寒殿 • 金世宗于京城外离宫建大宁宫，之后又改名为寿安宫		
		• 1169年左右，《乾道临安志》成书，周淙撰，今存三卷				•《赵城金藏》完成		•“鹅湖之会”，主要人物为朱熹、陆九渊、吕祖谦等			•《画继》作者邓椿于1178年之前去世。《画继》是一部南宋绘画史著作，全书共十卷。此书辑录北宋1074至南宋1171年间219位画家的传记（见邓椿《画继》自序）			

南宋

金

西夏

1190年

	1182年	1183年	1184年	1185年	1186年	1187年	1188年	1189年	1190年	1191年	1192年	1193年	1194年	1195年	1196年	1197年
		•《上海园林志》称：参政钱良臣于华亭县钱家巷（今松江镇中）建云间洞天			• 金世宗于香山修建了香山寺，赐名大永安寺，又称甘露寺。寺旁建行宫				• 平江郡守袁说友修葺西斋，并改称为双瑞堂 • 1190-1200年，金章宗在燕京西山修建了八大行宫，称为西山八大水院，包括圣水院（今黄普寺）、香水院（今法云寺）、金水院（今金仙庵）、清水院（今大觉寺）、潭水院（今香山寺）、泉水院（今玉泉山芙蓉殿）、双水院（今双泉寺）、灵水院（今栖隐寺） • 1190-1200年，金章宗于燕京城郊建鱼藻池行宫，并在此筑一台，专为垂钓，钓鱼台因此而得名，人称“钓鱼古台”	• 寿安宫又改名为万宁宫					• 泉州建天后宫，为现存最早的妈祖庙	• 南宋权相韩侂胄（？-1207年）得旧园胜景园，改建修葺之后，取名南园。韩侂胄去世后南园归官家，改称庆乐园
								• 卢沟桥始建，为中国现存最早的联拱式石桥，桥上有精美的雕刻 • 于北京西郊建广源闸	• 1190-1200年，金《西厢记诸宫调》完成，被誉为“北曲之祖”，作者董解元 • 1190-1200年，画家马远、夏圭主要活动于这个时期		•《吴郡志》纂成，作者范成大于次年病逝，该书在此后1129年经汪泰亨等增补之后刊印行世，因此该书又称《绍定志》		• 中国家具史上第一部组合家具的设计图《燕几图》成书，作者黄伯思（1079-1118年）			

南宋

金

蒙古

西夏

1200年

1210年

1198年	1199年	1200年	1201年	1202年	1203年	1204年	1205年	1206年	1207年	1208年	1209年	1210年	1211年	1212年	1213年
	• 陆游为韩侂胄作《南园记》	• 1200年左右，章良能（？－1214年）购得沈清臣旧宅园，改建并改称为嘉林园		• 十方天长观又不幸罹于火灾，仅余老君石像。次年重修，改名为太极宫。后国势不振，迁都于汴城，太极宫遂逐渐荒废						• 1208-1224年，邑庙始建于上海嘉定南门富安坊 • 经略使陈岘整治广州仙湖药洲，建白莲池和爱莲亭		• 魏了翁（1178-1237年）于四川浦江建成第一座鹤山书院。之后又亲自创建了湖南靖州鹤山书院、四川泸州鹤山书院、江苏苏州鹤山书院。其他地方的鹤山书院都是其弟子或后人创建的			
	• 杨忠辅制成《统天历》，确定一年为365.2425日		•《嘉泰会稽志》成书，南宋地方志，施宿（1164-1222年）等撰	• "话本"兴起											

南宋

金

蒙古

西夏

1220年

1214年	1215年	1216年	1217年	1218年	1219年	1220年	1221年	1222年	1223年	1224年	1225年	1226年	1227年	1228年	1229年
	• 蒙古人攻陷金中都后，毁拆金中都，宫殿和民居多数被毁，而大宁宫幸得保存					• 綦銮于平江郡圃内开池布石堆山，构四亭	• 岳飞之孙岳珂为淮东总领，于北固山下米芾海岳庵旧址辟建研山园，以纪念米芾 • 綦銮于平江北池上建白桧轩			• 南宋初的陇右都护刘光世的私园别业玉壶园成为宋理宗的御苑	• 1225-1227年，安徽休宁县祁云山上建太素宫		• 成吉思汗敕改太极宫为长春观。元末，连年争战，长春观原有殿宇日渐衰圮。明初，以处顺堂为中心重建宫观，并易名为白云观 • 张柔主持重建保州城（今保定），重新规划建设城市，修建园林，代表有雪香园等，后毁于1289年的地震	• 冯多福作《研山园记》	• 平江郡守李寿鹏作《平江图》
					• 蒙古国大臣耶律楚材（1190-1244年）随成吉思汗西征，开始了他的戎马生涯，完成《西游录》	•《北使记》完成				•《长春真人西游记》完成				• 1228-1233年，地理总志著作《舆地纪胜》完成，作者王象之（1163-1230年） • 陆游《老学案笔记》刻行	

南宋

金

蒙古

1230年 1240年

1230年	1231年	1232年	1233年	1234年	1235年	1236年	1237年	1238年	1239年	1240年	1241年	1242年
				• 平江知府张嗣古将平江郡圃改名为同乐园 • 蒙古军焚掠、破坏金的宫殿建筑，使琼华岛和万宁宫等成为一片废墟	•《都城纪胜》，（又名《都城梦游录》）成书，作者耐得翁	• 淮东置制使兼扬州知府赵葵（1186–1266年）于堡城武锋军统制衙门附近，择地建造了一座万花园			• 祝穆（?–1255年）编撰的地理类书籍《方舆胜览》成书，全书共七十卷	• 平江池光亭纪	• 1241–1252年，于杭州栖霞岭后的山麓上建佛寺黄龙洞，又名无门洞。清末改为道观 • 1241–1252年，理宗帝将集芳园赐予贾似道（1213–1275年），更名为后乐园。后贾似道依仗权势扩展而得相邻的原史弥远旧园，并改称养乐园。贾氏私园还包括水竹院落、水乐洞园、香月邻等 • 1241–1274年，吴自牧著《梦粱录》。《梦粱录》卷十九《园囿》中记述了西湖一带比较著名的园囿，有平原郡王韩侂胄的别墅园南园、张府真珠园、谢府新园、罗家园、霍家园、方家坞刘氏园、北山集芳园、钱塘门外九曲墙下择胜园、钱塘正库侧新园、城北隐秀园、菩提寺后谢府玉壶园、四井亭园、杨府云洞园、西园、杨府具美园、裴府山涛园、西秀野园、张府凝碧园、张内侍总宜园、张府泳泽环碧园（旧名清晖园）等。此外，还有钱塘江一带的内侍张侯壮观园、王保生园以及位于城中望仙桥下牛羊司侧的蒋苑使园等	
				• 1234–1239年继续开凿龙山石窟	• 1235–1241年，南宋诗人叶绍翁（1194年–不详）撰写的笔记小说《四朝闻见录》的前2集成书，后3集成书年代不详。《四朝闻见录》共5集，杂叙宋高宗、孝宗、光宗、宁宗四朝轶事							

•《都城纪胜》与《梦粱录》《武林旧事》（元）同为研究临安以及南宋社会和城市生活的重要文献

	南宋
	蒙古

1250年

	1243年	1244年	1245年	1246年	1247年	1248年	1249年	1250年	1251年	1252年	1253年	1254年	1255年	1256年	1257年	1258年
										• 南宋地方志《淳佑临安志》成书，施谔撰。书中记述的西湖一带的有代表性的私家园林有水月园、环碧园、湖曲园等 • 宋理宗于孤山延祥园内建西太乙宫，后辟为御花园	• 1253-1258年，扬州建壶春园，内设有佳丽楼				• 贾似道以两淮制置使镇守扬州，于“州宅之东”重建郡圃	
	• 临安知府赵与篡于苏堤东浦桥至洪春桥曲院间建堤，后人称为赵公堤	•《道藏》完成			• 宋慈完成《洗冤录》 • 山西芮城兴建永乐宫，1261年扩建为大纯阳万寿宫			• 中国古代最大石塔，泉州的开元寺双塔建成			• 1253-1256年，《全芳备祖》成书，作者陈景沂。该书为宋代华谱类著作，集大成之作	• 赵孟頫（1254-1322年）出生				
					• 永乐宫的壁画是我国现存壁画艺术的瑰宝											

南宋

蒙古 | 元朝

1260年　　　　1270年

1259年	1260年	1261年	1262年	1263年	1264年	1265年	1266年	1267年	1268年	1269年	1270年	1271年	1272年	1273年	1274年
					• 忽必烈命刘秉忠等开始规划营建大都城（今北京） • 忽必烈重修琼华岛、广寒殿 • 1264-1269年，廉希宪于陕西建廉相泉园	• 1265-1274年，南宋地方志《咸淳临安志》成书，作者潜说友。《咸淳临安志》中的《楼观》中记载“中兴以来，名园闲馆，多在西湖。” • 儒学提举陆大猷致仕归，于苏州分湖北岸来秀里营造别墅，取名陆氏桃园		• 蒙古以金的大宁宫为中心另建新的都城“大都”	• 1263-1274年，将德寿宫一半的用地改建成宗阳宫御花园			• 元世祖忽必烈住广寒殿，改名万岁山，琼华岛及其周围的湖泊经扩建重修之后命名为太液池。北海、中海、南海合称“三海”	• 1272年左右，元世祖忽必烈来到燕京，在燕京古永定河流域圈建了一个猎场，取名“下马飞放泊”		• 忽必烈于太液池南部建东宫，后改称隆福宫
• 南宋发明突火枪	•《西使记》完成									• 天台宗僧人志磐撰写的记述天台宗源流的《佛祖统纪》成书 • 黄公望（1269-1354年）出生，与吴镇、王蒙、倪瓒被推为“元末四大家”	• 蒙古颁发国师八思巴（1235-1280年）创制成的以藏文字母为基础的蒙古新字（后人称为八思巴字）	• 大都城建成圣寿万安寺塔（即妙应寺白塔），为中国内地最早建造的喇嘛塔 • 潜说友（1216-1288年）大规模修建杭州街道	• 元改中都为大都	• 元朝设立“诸色人匠总管府”，统管营造、雕塑、冶铸及工艺制作，任命阿尼哥为总管 •《农桑辑要》刊行	
								• 上海正式建镇							

元朝

1280年

1275年	1276年	1277年	1278年	1279年	1280年	1281年	1282年	1283年	1284年	1285年	1286年	1287年	1288年	1289年
	• 元大都城基本完工				• 宰相廉希宪（1231-1280年）卒。其生前在大都城西（今北京右安门外草桥）建宅园，取名万柳堂。与赵禹卿的匏瓜亭相邻。据传说廉希宪看中钓鱼台，便在池上建阁，同样取名万柳堂		• 修宫城太庙建成	• 元大都城内修建基本完成		• 1285-1294年，张九思于大都城西建别墅，取名遂初堂		• 周密（1232-1298年）的《癸辛杂识》前集成书。其中有“吴兴园圃”一文，后出单行本，易名为《吴兴园林记》)，叙吴兴园林达36处，比较有代表性的有：南、北沈尚书园及俞氏园、赵氏菊坡园、叶氏石林等，以及简单描述的有：韩氏园、丁氏园、莲花庄、倪氏园、赵氏南园、王氏园、赵氏瑶阜、赵氏秀谷园、赵氏苏湾园、钱氏园等，与《洛阳名园记》成南北呼应		
• 马可波罗到达元上都（今内蒙古正蓝旗境内）	• 登封建观星台			• 在27个观测站举行纬度测量		• 实施历法《授时历》，关键人物许衡、郭守敬、王恂				•《资治通鉴音注》完成，胡三省（1230-1302年）著				

元朝

1290年 1300年

1290年	1291年	1292年	1293年	1294年	1295年	1296年	1297年	1298年	1299年	1300年	1301年	1302年	1303年
• 追忆南宋都城临安城市风貌的著作《武林旧事》成书，全书十卷，周密撰。《武林旧事》卷五记述了西湖一带的私家园林45处，如水乐洞园、廖药洲园、裴园、俞氏园、养鱼庄、环碧园、迎光楼、刘氏园、玉壶御园、秀邸新园、谢府园、隐秀园、择胜园、钱氏院、杨府廨宇、赵郭园、水丘园、梅冈御园、张氏园、王氏园、万花小隐、聚秀园、秀野园、永庵、瑶池园、古柳林、云洞园、总宜园、大吴园、小吴园、水月园、挹秀园、秀野园、养乐园、半春园、小隐园、集芳御园、香月邻、快活园、水竹院落、廖药洲园、香林园、斑衣园等	始建上海文庙，后毁于小炮火。1855年选址重建	• 于京城东部挖建漕运河道，由郭守敬主持修建。1293年完工，元世祖将其命名为通惠河。在流入城市以后形成了一个巨大的湖泊，名为积水潭。积水潭曾经是漕运的总码头，也曾是皇家的洗象池。此时的积水潭指今天的前海、后海、西海共三湖，即后来的什刹海			• 1295-1296年，监郡安侯于滕县建静乐园 • 1295-1296年，延庆州东北有香水园 • 1295-1296年，李信修建园池，为牡丹园								
• 马可波罗一家返回意大利 • 元代理学发展，代表人物许衡、赵复、吴澄等 • 元代山水画发展，其代表人物有钱选、赵孟頫、高克恭及"元四家"（黄公望、吴镇、王蒙、倪瓒）		• 大运河延伸至大都（今北京）		• 基督教第二次传入中国		• 施耐庵（1296-1371年）出生，《水浒传》的作者 • 周密《云烟过眼录》成书 •《类编长安志》初步成书，之后又有增补，全书共十卷，作者骆天骧		• 周达观《真腊风土记》完成		• 黄道婆（1245-1330年）在松江地区传授先进的纺织技术以及纺织工具，受到百姓的敬仰			•《大元大一统志》成书
	• 立上海县									• 楷书四大家：欧阳询、颜真卿、柳公权、赵孟頫 • 元杂剧鼎盛时期，主要代表作家有关汉卿、王实甫、马致远、白朴等			

1310年

1304年	1305年	1306年	1307年	1308年	1309年	1310年	1311年	1312年	1313年	1314年	1315年	1316年	1317年	1318年	1319年
		• 文学家袁易（1262-1306年）卒。生前于苏州松江之畔蛟龙浦的赭墩祖坟旁建造了一座名为静春别墅的大园林		• 1308-1311年，粟院使于大都城西建别墅，取名玩芳亭 • 于隆福宫北建兴圣宫						• 1314-1320年，张留孙（1248-1321年），又名张宗师，于大都城东买地建东岳庙，其弟子董宇定建杏园 • 1314-1320年，僧宗敬在沧浪亭原址上建妙隐庵					
		• 建北京国子监	•《文献通考》完成，作者为马端临（1254-1323年）						•《农书》完成出版，作者王祯			• 天文学家、数学家、水利专家和仪器制造专家郭守敬（1231-1316年）卒			

元朝

1320年　　1330年

1320年	1321年	1322年	1323年	1324年	1325年	1326年	1327年	1328年	1329年	1330年	1331年	1332年	1333年	1334年	1335年
	• 1321-1323年，宋本（1281-1334年）修建宅园，取名垂纶亭 • 于北京西郊建寿安寺，俗称卧佛寺	• 赵孟頫（1254-1322年）卒，生前于浙江湖州建别业，始名莲花庄。后荒废							• 元文宗于大都西郊西湖（瓮山泊）北岸偏西建大承天护圣寺		• 于香山东麓金章宗玩景楼旧址上建碧云寺 • 于大承天护圣寺东建驻跸台		• 画家倪瓒（1301-1374年）于无锡建清閟阁，并著有诗画集《清閟阁集》		
	• 画家王振鹏绘制《阿房宫图》		• 画家王振鹏绘制《金明池图卷》		• 永乐宫三清殿壁画完成					• 罗贯中（1330-1400年）出生，《三国演义》的作者 • 航海家汪大渊（1311~？）在1330-1339年间两次随商队出海航行，后编写成《岛夷志略》					

元朝

1340年　1350年

1336年	1337年	1338年	1339年	1340年	1341年	1342年	1343年	1344年	1345年	1346年	1347年	1348年	1349年	1350年	1351年
					• 1341-1368年，镇南王冒氏家族于江苏如皋城建冒氏水绘园、冒氏万花园 • 1341-1368年，隐士瞿孝祯于江苏太仓沙溪筑宅园，取名乐荫园，又称乐隐园	• 由高僧天如禅师惟则的弟子为奉其师所造，初名“狮子林寺”，后易名“普提正宗寺”“圣恩寺”		• 虎丘二山门断梁殿建成				• 顾瑛（1310-1369年）在昆山界溪旧宅之西筑园林，初名“小桃源”，后改“玉山佳处”，后又改称“玉山草堂”，是昆山历史上最显赫的私家园林。到1350年，先后建成32个景点			
							• 开始修撰宋、辽、金史	•《辽史》《金史》完成 • 历史地图集《长安图记》成书，即《长安志图》，作者李好文	• 由丞相脱脱和阿鲁图先后主持修撰的《宋史》成书，次年出版 • 居庸关过街塔建成					• 饶自然（1312-1365年）著《山水家法》	

1360年

1352年	1353年	1354年	1355年	1356年	1357年	1358年	1359年	1360年	1361年	1362年	1363年	1364年	1365年	1366年
														• 朱元璋对南京城进行改建
		• 画家黄公望（1269-1354年）卒。代表作有《富春山居图》《九峰雪霁图》《天池石壁图》，著《山水诀》	• 曹知白（1272-1355年）卒，代表作有《松林平远图》《溪山泛艇图》《良常山馆图》等			• 山西芮城永乐宫竣工，施工期达110年之久，始建于1247年。同年永乐宫纯阳殿壁画完成								• 夏文彦《图绘宝鉴》刊印 • 陶宗仪（1329-约1412年）整理成《辍耕录》30卷，记载元代典章制度、艺文逸事、戏曲诗词、风俗民情、农民起义等史料
														• 元末熊梦祥（生卒年不详）撰《析津志》，详细记载了元大都的城池、坊巷、官署、庙宇、人物、风俗等。原书早已失传

明朝

1370年　　1380年

1367年	1368年	1369年	1370年	1371年	1372年	1373年	1374年	1375年	1376年	1377年	1378年	1379年	1380年	1381年
• 顾瑛的玉山草堂在朱元璋攻灭张士诚之前，毁于元明易代的战乱之中，至今片瓦无存	• 徐达（1332-1385年）攻克元大都，大都改称北平。徐达将城中部分居民迁往开封，平毁了元朝宫殿，其在旧址堆土筑成景山 • 朱元璋始建南京宫殿，由工部郎中萧洵负责皇室工程。同时萧洵奉皇帝之命从南京到元大都毁坏元朝的皇宫园苑 • 明太祖朱元璋招抚劲敌陈友谅旧部，为陈友谅之子陈理建造了汉王府，即煦园的前身。其后，明成祖封其次子朱高煦为汉王，辟原汉王府东半部为"新汉王府"，西半部花园，取名煦园。煦园与瞻园并称为金陵两大名园	• 1369年左右，朱元璋因念功臣徐达"未有宁居"，特给中山王徐达于南京建府邸花园，取名瞻园	• 邑庙移建于今李家弄旧址 • 开始修建晋阳府，1646年毁于大火 • 平遥城扩建			• 大书画家倪瓒途经苏州，曾参与狮子林的造园，并题诗作画《狮子林横幅全景图》，使狮子林名声大振，成为佛家讲经说法和文人赋诗作画之胜地	• 徐贲（1335-1380年）作《狮子林十二景点图》			• 建衍圣公府，为中国现存规模最大的邸院建筑群	• 扩建太原城，建造晋王府		• 朱棣的燕王府营造完毕。这是明朝北京最早的王府建筑	• 1381-1390年，朱元璋派景川侯曹震等到四川成都主持建造蜀王府
	• 明朝为防北方民族南侵，前后18次修筑长城	• 1369年左右，《元史》完成 • 诏令全国府、州、县设立学校			• 建嘉峪关，为长城的终点	• 修订《大明律》《祖训录》	• 画家倪瓒（1301-1374年）卒。倪瓒作画不求形似，强调自娱以抒写胸中逸气，对明清文人画影响很大	• 诏令全国设立社学	• 1376-1382年，南京建灵谷寺无梁殿 • 陶宗仪《书史会要》成书			• 朱有燉（1379-1439年）出生，《诚斋乐府》的作者 •《苏州府志》刊刻，编纂者卢熊（1331-1380年）		• 建山海关，为长城的起点 • 建立赋役黄册制度 • 始建孝陵

• 松江自明代以来，私家园林渐多，据史籍记载，明代所建园林有：参政范唯一私第，名啸园，位于松江城邱家湾；中书舍人顾正谊私园，名濯锦园，位于东门外北俞塘；少司寇涉之私园，名秀甲园，位于松江城西塔弄底；汉阳太守孙克弘私园，名孙家园，位于松江城东门外果子弄底；观察许瓒曾私园，初名西园，后更名塔射园，位于松江城东塔弄青松石；罗氏私园，名因而园，后改名为怡园，位于松江城秀南街；参政伍勉之私园，名梅园，位于松江城金沙滩；工部李逢申私园，名篆园，又名横云山庄，位于松江横云山麓

• 明代有著名的妫川八景，清代有延庆州八景

明朝

1390年

1382年	1383年	1384年	1385年	1386年	1387年	1388年	1389年	1390年	1391年	1392年	1393年	1394年	1395年	1396年	1397年
明军攻占大理，建大理府筑府城，为大理古城				• 南京城建成。南京城是一座史无前例的全部用巨砖筑成的周长近34千米的大城，时称应天府城	• 泉州惠安为抵御倭寇建崇武古城				• 于河南南阳兴建唐王府，王府后有假山，名王府山						
			• 朱元璋颁行《明大诰》		• 浙江等处编鱼鳞图册，用以登记土地									• 1396-1124年间，陈诚先后多次出使西域	

明朝

1400年　　　　1410年

1398年	1399年	1400年	1401年	1402年	1403年	1404年	1405年	1406年	1407年	1408年	1409年	1410年	1411年	1412年	1413年
	• 明肃王府迁至兰州，建府署及王府花园				• 1403-1435年，明成祖在位于紫禁城东华门外的南池子大街一带兴建东苑。后毁于明末农民起义的战火			• 明成祖下诏兴建北京皇宫和城垣	• 陶宗仪(1321-1407)卒,《南村辍耕录》(亦名《辍耕录》)的作者。《南渡行宫记》最早出现在《南村辍耕录》中	• 智谦和尚重建绍兴天章寺	• 明成祖以北京为基地进行北征，同时开始在北京附近的昌平修建长陵				• 于武当山营建殿宇多处
					• 1403-1408年,《永乐大典》历时六年编撰完成 • 1403-1424年，中国最大的铜钟（永乐钟）铸成		• 1405-1433年间，郑和先后七次下西洋		• 设置上林苑监以主持养殖种植事宜，属司农			• 1410-1415年，明成祖下令开会通河，打通南北漕运			
					• 明代的御花园、东苑、慈宁宫花园和景山都是明代始建的				•《南村辍耕录》记录了元明时期的政治、经济、社会、文化等各个方面的史料，有掌故、典章、文物，同时还论及小说、戏剧、书画和有关诗词本身等方面的内容						

明朝

1420年

1414年	1415年	1416年	1417年	1418年	1419年	1420年	1421年	1422年	1423年	1424年	1425年	1426年	1427年	1428年	1429年
• 明成祖扩建殿堂宫室，将元朝的猎场“下马飞放泊”扩大了数十倍。四周筑起土墙，开辟了北大红门、南大红门、东红门、西红门，并命名为南海子，即南苑		• 明成祖下令改建燕王府邸为西宫 • 于武当山主峰天柱峰上建金殿，为我国最大的铜铸鎏金大殿	• 北京紫禁城正式动工。明成祖命陈硅董始建北京内城及宫殿；玄武门外为万岁山、北果园、寿皇殿等，并按照南京形制改建北京城 • 在紫禁城坤宁宫之后始建御花园，又称宫后苑	• 紫禁城宫殿落成，同时建成的还有位于紫禁城玄武门外万岁山（景山）		• 明成祖命蔡信重修北京城垣 • 北京皇宫和北京城建成。北京皇宫以南京皇宫为蓝本，而规模更胜一筹。新修的北京城周长约22.5千米，呈规则的方形，符合《周礼·考工记》中理想的都城的形制 • 始建北京天坛	• 紫禁城的奉天、华盖、谨身三大殿遭雷击，尽皆焚毁 • 建北京社稷坛	• 乾清宫毁于火			• 于北京建龙王堂，又名龙泉庵 • 重建八大处主寺平坡寺，并改名大圆通寺		• 重修元大承天护圣寺，更名为功德寺	• 重修扩建金“西山八院”之一的清水院，并改名为大觉寺	
		• 明成祖召集群臣，正式商议迁都北京的事宜					• 建北京社稷坛 • 迁都北京之后，北京逐渐成为北方的佛教和道教中心。寺观建筑逐年增加，特别是佛寺			• 始建十三陵		• 黄铜香炉“宣德炉”问世 • 1426-1435年，苏州诞生了吴门画派，代表人物沈周、文徵明、唐寅、仇英等			
							• 明成祖下诏正式迁都北京，改金陵应天府为南京，改北京为京师					• 明宣宗即位，与其父仁宗并称“仁宣之治”			

明朝

1430年　　1440年

1430年	1431年	1432年	1433年	1434年	1435年	1436年	1437年	1438年	1439年	1440年	1441年	1442年	1443年	1444年	1445年
			• 明宣宗在元代太液池旧址上建成西苑。在西苑之西，在元代的西御苑基础上改建成兔园			• 重建紫禁城的奉天、华盖、谨身三大殿 • 1436-1445年，对北京进行了大规模增建	• 谢环作《杏园雅集图》。杏园是杨荣在京师城东的府邸 • 大规模重建北京唐悯忠寺，改名为崇福寺		• 重建乾清宫、坤宁宫				• 司礼监太监王振于北京仿唐宋“伽蓝七堂”规制建智化寺，初为家庙，后赐名报恩智化寺		
										• 朱权著《茶谱》共16章，首次提出了保持茶叶原始味道的饮茶法，开创了明朝饮茶的新时代		• 北京古观象台建成	• 有666处穴位的针灸铜人像铸成		
						• 宦官专制开始									

明朝

				1450年										1460年	
1446年	1447年	1448年	1449年	1450年	1451年	1452年	1453年	1454年	1455年	1456年	1457年	1458年	1459年	1460年	1461年
				• 1450-1456年，将隋证果寺更名镇海寺 • 山西太谷城重建						• 1456-1462年，浙江东阳卢宅建成，是一座比较完整的卢氏家族聚居的住宅群，由十多组宅院组成	• 1457-1464年，扩建西苑，并完成殿宇轩馆的翻新工程	• 沈周（1427-1509年）在离旧屋不足一里的地方建有竹居别业	• 东苑增改建完成，增加了多座华丽的殿宇建筑，改变了原来的幽静田园的风格。因东苑建筑多在南部，故又称南内 • 赐公卿大臣游西苑，韩雍、李贤作记	• 西苑的殿宇轩馆的建筑工程翻新完成。苑中旧有太液池，池上建有蓬莱山	
			• 土木堡之变												

明朝

1470年

	1462年	1463年	1464年	1465年	1466年	1467年	1468年	1469年	1470年	1471年	1472年	1473年	1474年	1475年	1476年	1477年
				• 1465-1487年，礼部尚书吴宽（1435-1504年）在苏州建私宅，取名复园 • 1465-1487年，张弼（1425-1487年） 于松江华亭建庆云山庄、梅园 • 1465-1487年，于北京建极乐寺，寺内东跨院有花园 • 1465-1487年，杭州苏轼“三塔”被毁								• 于北京西北郊建成真觉寺，俗称五塔寺				
	• 画家戴进（1388-1462年）卒，浙派创始人，代表作有《风雨归舟图》等			• 实行“八股文							• 王守仁，亦称王阳明（1472-1528年）出生，“心学” 的代表人物					
				• 明代苏州园林有园貌记载下来的有二百多处，数量超过历史上的各个时期和朝代												

明朝

1480年　　　　　　　　　　　　　　　　1490年

1478年	1479年	1480年	1481年	1482年	1483年	1484年	1485年	1486年	1487年	1488年	1489年	1490年	1491年	1492年	1493年
				• 文人秦旭（1410-1494年）于无锡择地惠山寺龙泉精舍建十老堂，创立碧山吟社。沈周应邀为之图记，作《碧山吟社图卷》							• 吴宽作《海月庵冬日赏菊图序》，记录若干名士在其位于北京城西私宅亦乐园中举行赏菊诗会的具体场景。亦乐园中有海月庵、玉延亭、春草池、醉眠桥、冷淄泉、养鹤阑等				
										• 明孝宗即位。明孝宗使明朝再度中兴并发展为盛世，史称“弘治中兴”					

明朝

1500年

1494年	1495年	1496年	1497年	1498年	1499年	1500年	1501年	1502年	1503年	1504年	1505年	1506年	1507年	1508年
• 在北京西郊瓮山南坡中央修建了园静寺，将此行宫命为好山园				• 将始建于唐代贞元（785-804年）时期的浙江报恩寺改建为万松书院，清康熙时期又改称为敷文书院	• 画家王一鹏（？-1501年）作《西园园景图》和《墨竹图》			• 工部尚书龚弘建私人花园，园内有松风岭、鸟语堤、寒香室、数雨斋、桃花潭、洒雪廊诸胜景。清初龚氏子孙衰微，园归汪姓	• 建曲阜孔府后花园，名为铁山园	• 于北京翠微山西南角建长安寺，又名善应寺，旧称翠微寺	• 正德、嘉靖年间，各地营建私家园林蔚然成风	• 1506-1510年，秦氏于无锡建凤谷山庄，即寄畅园的前身 • 1506-1521年，天津建行宫花园，名直沽皇庄		• 唐寅（1470-1523年）在苏州城北桃花坞，原宋人章庄简别墅的废墟上仿照陶渊明所说的桃花源造了一座山野田园式的别墅，取名桃花庵 • 杭州知府重浚西湖
						• 吴承恩（1500-1582年）出生，《西游记》的作者								

明朝

1510年

1520年

1509年	1510年	1511年	1512年	1513年	1514年	1515年	1516年	1517年	1518年	1519年	1520年	1521年
• 御史王献臣弃官回乡后，在唐代陆龟蒙宅地和元代大弘寺旧址处拓建拙政园 • 文学家王鏊（1450-1524年）致仕回苏州后，改造旧宅园林小适，并改称为真适园。其家族在明代造园的风气下也建造了不少园林，有记载者城内有：在吴趋坊西城下夏驾湖处的怡老园（王鏊之子王延喆建）；招隐园（王鏊幼子延陵为父建）；安隐园（王鏊长兄王铭宅园）；壑舟园（王鏊堂兄王鏊筑）；且适园（鏊弟王铨筑）；从适园（王鏊侄王学筑于山水之间）；石坞山房（王鏊六世孙王申荀筑）；谢鸥草堂（王武的别业）。这些园多数在晚明即废	• 对南海子（南苑）再次进行修缮，同时修建了二十四园						• 户部郎中汪必东于天津衙署内建公署花园，取名浣俗亭，并作诗《浣俗亭》 • 无锡建二泉书院	• 造园叠山匠师张南阳，又名张山人（1517-1596年）出生				
• 画家沈周（1427-1509年）卒。吴门派创始人之一，代表作有《庐山高图》《东庄图》《沧洲趣图》等				• 于北京西郊建大慧寺。大殿建筑及殿内彩塑、绘画极具艺术价值	• 海瑞（1514-1587年）出生	• 葡萄牙商船到达广东			• 葡萄牙人（当时人称佛朗机）来华，开始和明朝交往			• 徐渭（1521-1593年）出生。徐渭是泼墨大写意画派的创始人，青藤画派的鼻祖。其二十岁考中秀才之前居住的宅第原名为榴花书屋，后改名为青藤书屋
							• 天津自1404年设天津卫，明代有记载的园林只有两处，浣俗亭和直沽皇庄	• 自明开始出现了职业造园师，且多集中于江南一带，如陆叠山、张南阳、周秉忠、计成、震亨、张涟等				

明朝

1530年

1522年	1523年	1524年	1525年	1526年	1527年	1528年	1529年	1530年	1531年	1532年	1533年	1534年	1535年
• 1522年之后，沈恺于松江建真率园 • 1522-1566年， 江南名士史恭甫于宜兴张公洞西南，玉女潭北建别业，称玉女潭山居。邀文徵明作《玉女潭山居记》 • 1522-1566年，无锡望族安国筑西林园。之后，安国后人安绍芳对于西林园大加整治，精心辟出32景，并邀请张复（1546-约1631年）作《西林园景图册》 • 1522-1566年，长州尚书杨成于苏州筑五峰园，俗称“杨家园”。一说五峰园为文徵明之侄画家文伯仁所筑 • 1522-1566年，陆树德于松江建南园，陆树声于松江建适园 • 1522-1566年，于上海市西北郊嘉定区南翔镇建漪园，后由嘉定竹刻家朱雅征精心设计，以“十亩之园”的规模营造。1746年扩建重葺，更名古漪园 • 1522-1566年，为皇太后营建慈宁宫花园作居所花园 • 1522-1566年，北京月河梵院景物为当年都城之最 • 1522-1566年，孝廉张凤翼在苏州小昔家巷建小添园 • 1522-1566年，李濂（1488-1566年）撰《汴京遗迹志》 • 1522-1566年，龚宏建成嘉定秋霞圃	• 无锡富豪安国(1481-1534年),别号桂坡，自题住所为桂坡馆。先后用铜活字刊印《颜鲁公集》《吴中水利通志》《雍录》等，印刷精细。安国在无锡胶山南麓建有宅园西林和嘉荫园，均为当时江南的名园。画家张复（1546-1631年） 曾为西林绘制了《西林园景图》				• 文徵明（1470-1559年）辞官回苏州后建造“玉罄山房” • 1527年左右，兵部尚书秦金占无锡惠山寺沤寓房等二僧舍，将其辟为园,名“凤谷山庄”。1560年，秦金后人重新修葺,亦称“凤谷山庄” • 吏部尚书王琼革职返回太原为民，其子为其建晋溪园			• 文徵明为金陵东园作《东园图》	• 泉州举人黄庆远修建东园池，又称安海古园		• 文徵明依拙政园园景绘成图三十一幅，并各题以咏景诗，又作《王氏拙政园记》，记录了建园之初的自然雅朴景象	• 在重华殿以西建皇史宬，用于保存各类皇家档案 • 于赵武灵丛台顶建据胜亭	
					• 李贽（1527-1602年）出生，《焚书》的作者								

明朝

				1540年										1550年	
1536年	1537年	1538年	1539年	1540年	1541年	1542年	1543年	1544年	1545年	1546年	1547年	1548年	1549年	1550年	1551年
• 修缮北京昌平九龙池行宫						• 明世宗自皇宫移居西苑					• 文学家田汝成（1503-1557年）撰《西湖游览志》初刻初印。书中多记湖山之胜，代表性的西湖一带私家园林有水竹院落、后乐园、水乐洞园等	• 由绍兴郡守沈启主持，将兰亭曲水从天章寺前移开 • 诗人李时行（1514-1569年）于广州越秀山南麓始建宅园，取名小云林			• 约于1551年之后，造园大师周秉忠为太学周湛初的宅园归氏园建园林假山洞小林屋洞。归氏园后属胡汝淳，名洽隐山房,1649年韩馨得此废园，修为栖隐之地,名为洽隐园。后几经易主修葺,现名惠荫园
		•《金陵世纪》作者陈沂（1469-1538年）卒												• 汤显祖（1550-1616年）出生，代表作有《牡丹亭》	

明朝

1560年

	1552年	1553年	1554年	1555年	1556年	1557年	1558年	1559年	1560年	1561年	1562年	1563年	1564年	1565年	1566年	1567年
	• 杭州知府孙孟在西湖中建振鹭亭，又称清喜阁。明万历后改名为湖心亭	• 兵部尚书梁梦龙（1527-1602年）于北京宣南虎坊桥一带建宅园，取名梁园。当时梁园北有孙公园，南有刺玫园。梁园后来逐渐荒废 • 增筑北京外城，由于工费太大，只得围南面外城，从而形成了北京的“凸”字形的平面	• 文徵明为苏州石湖作《泛舟石湖》诗画卷				• 袁祖庚（1519-1590年）返乡，于苏州择地建造宅园，取名醉颖堂，并悬匾额“城市山林”，过隐士生活 • 彭绍贤于浙江海盐武原镇建私园，取名水同居，俗称彭氏园，即为后来的绮园	• 1559年左右（一说1577年左右），文坛领袖王世贞（1526-1590年）在家乡太仓建弇山园，又称弇州园。弇山园的假山景由叠山家张南阳所设计 • 刑部尚书潘恩之子潘允端于上海市区东南隅旧城内北部建豫园。豫园中的黄石大假山是由叠山大师张南阳设计的。此时正值明中叶江南文人造园最繁荣时期 • 王世贞（1526-1590年）于家乡太仓建离薋园						• 保定知府张烈文重修古莲池，属公署园林。后经历过多次重修和扩建 • 何镗辑《古今游名山记》，共十七卷总录三卷	• 王世贞在家乡太仓开始建弇山园，又称弇州园。弇山园的假山景由叠山家张南阳设计	• 约1567年左右，顾大典（？-约1596年）在吴江县城西北建宅园，取名谐赏园 • 1567-1572年，光禄丞顾正心于松江城东门外建别墅，名熙园 • 1567-1572年，乡绅倪邦彦于松江城北门外建宅园，称为倪园 • 王世贞建别业于隆福寺
		• 葡萄牙人入澳门通商，获得澳门居住权						• 豫园与日涉园、露香园合称“明代上海三大名园”		• 范钦在宁波修建天一阁	• 徐光启（1562-1633年）出生，著作《农政全书》在其死后的1639年成书					

明朝

1570年　　1580年

1568年	1569年	1570年	1571年	1572年	1573年	1574年	1575年	1576年	1577年	1578年	1579年	1580年	1581年
	• 海瑞奏请朝廷于无锡惠山寺塘泾建“嘉靖四忠”之一的顾可久祠，并将顾可久生前居住过的石友园中的太湖石“丈人峰”移入				• 1573-1620年，宰相王文肃于太仓建南园，也称为太仓南园，园中主要建筑有绣雪堂、潭影轩、香涛阁等 • 1573-1620年，邹迪光于无锡惠山寺右购得冯氏废园建别业，取名愚公谷，俗称邹园。后邹迪光自撰园记十一篇，名为《愚公谷乘》 • 1573-1620年，卸任道州太守顾名儒，购上海城北黑山桥地筑万竹山房，其弟顾名世在万竹山房东西开辟旷地，筑露香园 • 1573-1620年午荣汇编鲁班经匠家镜（新镌京版工师雕斫正式）刊行 • 1573-1620年，西城吏隐晋陵（武进）蒋一葵著《长安客话》，记述京师园苑			• 泉州颜道斐于晋江安海西堤修筑寅居池，构筑宅园	• 于北京西北郊建万寿寺	• 紫禁城内大内御苑慈宁宫花园中的临溪馆始建。1583年改名为临溪亭 • 王世贞作《娄东园林志》，记载太仓园林	• 呼和浩特始建大召寺，为呼和浩特最早兴建的喇嘛教寺院，1580年建成	• 约1580年之后，礼部尚书赵汝迈罢职还乡后于兰溪灵洞山买地筑别业，取名灵洞山房	• 王世贞胞弟文学家王世懋于太仓建澹园。王世懋（1536-1588年）撰有《名山游记》·一卷（两淮盐政采进本）等
					• 1573-1620年午荣汇编鲁班经匠家镜（新镌京版工师雕斫正式）刊行 • 烟草传入中国					• 李时珍（1518-1593年）完成《本草纲目》 • 潘季驯用“束水攻沙”法治理黄河			

明朝

1590年

	1582年	1583年	1584年	1585年	1586年	1587年	1588年	1589年	1590年	1591年	1592年	1593年	1594年	1595年
	• 武清侯李伟建清华园，简称李园，俗称“李皇亲花园”“李戚畹园”。与现在清华大学所在的“清华园”同名而异地。明朝灭亡后，园址荒废。同时，李伟还在京西玉渊潭的钓鱼台建一处别墅，被称为李皇亲新园 • 造园家计成出生	• 御花园工程竣工。明神宗下诏拆毁四神祠和观花殿，叠石为山，山上建御景亭。御花园东西建鱼池，池上建浮碧、澄瑞二亭，还有清望阁、金香亭、玉翠亭、乐志斋、曲流馆等		• 文昌阁建于扬州旧市河文津桥上 • 造园师文震亨（1585-1645年）出生。其个人宅园取名香草宅	• 司礼太监孙隆斥巨资复建西湖旧景，对望湖亭大加修缮。后又增龙王祠，清康熙年间定名平湖秋月，为西湖十景之一	• 造园艺术家张涟（1587-1673年）出生。张涟，字南垣，一生所造园林甚多，最著名的有松江李逢申横云山庄，嘉兴吴昌时竹亭湖墅、朱茂时鹤洲草堂，太仓王时敏乐郊园、南园和西田、吴梅村园、钱增天藻园，常熟钱谦益拂水山庄，吴县席本桢东园，嘉定赵洪范南园，金坛虞大复豫园等	• 建嘉定汇龙潭，由五条河流汇集而成，应奎山坐落于潭中	• 司礼太监孙隆重修杭州白堤	• 王世贞作《游金陵诸园记》，记南京徐氏家族的十余处园林。《游金陵诸园记》中，东园、西园、南园、魏公西圃、四锦衣东园、万竹园、三锦衣家园、金盘李园、徐九宅园、莫愁湖园十园为明开国功臣徐达后人在万历年间以前修建的	• 御花园清望阁、金香亭、玉翠亭、乐志亭、乐思斋、曲流馆拆毁 • 秦金后人秦燿被解职回无锡后，寄抑郁之情于山水之间，疏浚池塘，改筑凤谷山庄，构园景二十处，并改名寄畅园	• 太守吴秀于扬州梅花岭建偕乐园	• 太仆寺少卿徐泰时在苏州阊门外建私人花园，时称东园。东园中假山为叠石名家周秉忠所作。同时，徐泰时将归元寺改为宅园，易名西园。以后，其子舍宅为寺。1635年改称为“戒幢律寺”。1875年更名为“西园戒幢寺”，俗称“西园寺”	• 赵宧光于苏州西郊建寒山别业	
	• 意大利耶稣会利玛窦抵达中国									• 詹景凤著成《东图玄览》	• 程大位（1533-1606年）完成了珠算著作《算法统宗》	• 顺天府（今北京）宛平县知县沈榜编著完成《宛署杂记》二十卷 •《本草纲目》刊印 • 1606年，《本草纲目》流传至日本		
						• 吴伟业、黄宗羲等都为张涟作传，都著有《张南垣传》，对于张南垣的叠山造园作品及叠山风格进行描述								

明朝

1600年　　　　1610年

1596年	1597年	1598年	1599年	1600年	1601年	1602年	1603年	1604年	1605年	1606年	1607年	1608年	1609年	1610年
• 叠石大师张南阳卒。张南阳晚年有三大杰作：豫园、弇山园、日涉园 • 太常寺少卿陈与郊（1544-1611年）上疏乞归乡里，于浙江海宁盐官重建南宋安化郡王王亢的故园，取名隅园	• 造园名家米万钟（1570-1628年）于燕京城郊建宅园，取名湛园 • 名臣顾起元辞官后在南京建遁园。之后遁园被阮大铖所得并重修，改名石巢园	• 戏曲家、文学家汤显祖（1550-1616年）从遂昌辞官归家以后，新建居所，取名玉茗堂。后于1645年遭兵火之灾，已名存实亡了 • 贵州巡抚江东之于贵州南明河中的万鳌矶石上建甲秀楼		• 太仆少卿陈所蕴于上海城内南梅家弄的宅园——日涉园建成。由叠山家张南阳总体设计。以后又屡次增建，建成后共计有尔雅堂、素竹堂、飞云桥、来鹤阁、明月亭、桃花洞、殿春轩（友石轩、五老堂、啸台）等三十六景点。清乾隆年间转手给陆明允，作为住宅，改为淞南小隐，后又全部被毁					• 文学家、书画篆刻家李流芳于南翔建宅园，园名取自其号，名为檀园		• 顺德黄士俊中状元，于1621年在今顺德南郊始建清晖园 • 诗人、画家、造园家陈继儒（1558-1639年）于松江建东佘山居，其好友董其昌为其作画《东佘山居图》。陈继儒撰写的与园林相关的文章收录于《小窗幽记》《白石樵真稿》《晚香堂小品》中	• 兴建太原永祚寺，俗称双塔寺		• 大理寺少卿吴亮（1562-1624年）辞官回乡后于江苏常州武进城北建止园
•《乐律全书》成书，作者朱载堉（1536-1611年）			• 广东地方通志《广东通志》刊刻，郭裴（1529-1605年）修纂。1577-1599年间，郭裴共为广东修志三种：《粤大记》《岭海名胜志》及《广东通志》		• 意大利天主教士利玛窦等来中国传教，向明神宗帝所献礼品中有天主像、圣母像等，是将欧洲油画最早输入中国者			• 无锡建东林书院，顾宪成、高攀龙等江南士大夫们聚集于此，结成“东林党”			•《金陵梵刹志》刊行，全五十三卷，作者葛寅亮。该书对明代南京的寺观进行了详细的记述		• 王圻（1530-1615年）及其儿子王思义撰写的百科式图录类书《三才图会》（又名《三才图说》）出版	• 南京掌故笔迹《金陵琐事》刻，周晖（1546-不详）撰，正续八卷

明朝

后金

1620年

	1611年	1612年	1613年	1614年	1615年	1616年	1617年	1618年	1619年	1620年	1621年	1622年	1623年
	• 书画家孙克弘（1533-1611年）卒，其生前有别墅一栋，在松江城东门外果子弄，俞塘之北，史称孙家园 • 1611-1613年，米芾后裔米万钟于清华园之东建勺园，又名风烟里。英法联军焚烧圆明园时，勺园也同遭劫难，毁于一炬	• 于四川宜宾建夕佳山庄园，俗称夕佳山民居，为现存的典型川南地主庄园建筑形制 • 吴兖开始于常州买山置地筹建蒹葭庄，又名茶山草堂							• 明末复社成员韩馨购苏州南显子巷归氏废园洽隐山房，修为栖隐之地，取名为洽隐园。1707年洽隐园毁于火灾，唯存水假山。后几经易主修葺，现名惠荫园	• 文徵明的曾孙文震孟购得袁祖庚醉颖堂，并将此园重加修葺，并易名药圃 • 苏州甪直许自昌建梅花墅	• 文震亨（1585-1645年）著《长物志》成书，共十二卷，分别为：室庐、花木、水石、禽鱼、书画、几塌、器具、衣饰、舟车、位置、蔬果、香茗 • 杭州西湖苏轼三塔重建，形成西湖最经典的标志性景观——三潭映月 • 1621-1627年，兵部尚书李春烨与福建泰宁建府邸，俗称五福堂，为福建现存规模最大、保存最为完整的民居形制	• 张然（1622-1696年）出生，张然是造园家张南垣之子，张然在北京的作品主要有南海瀛台、玉泉山静明园、西郊畅春园、冯溥的万柳堂改建、王熙的怡园改建、蔡升元赐宅假山等，据载苏州的尧峰山庄也出自张然之手	• 1623-1624年，计成应常州吴玄的聘请，营造了一处面积约为5亩的园林
			• 画石谱录《素园石谱》成书，作者林有麟（1578-1647年）。《素园石谱》共收集各种名石102种，大小石画249幅			• 张丑《清河书画舫》成书	•《蝶几图》成书，作者戈汕 • 王路编成《花史左编》，简称《花史》，该书详细记述了古代花卉的情况	• 曹学佺撰《蜀中名胜记》三十卷刊行		• 英国商船抵达澳门，此为英国商船来华之始	• 荷兰船队占据台湾南部 •《警世通言》刊发，之后相继刊发了《喻世明言》(《古今小说》)、《醒世恒言》，合称“三言”，由冯梦龙纂辑 • 1621-1627年，谷泰撰《博物要览》十二卷刊行 • 介绍栽培植物的著作《群芳谱》初刻，全称《二如亭群芳谱》，编撰者王象晋（1561-1653年）	• 德国耶稣会士汤若望来华	

明朝

后金 | 清

1630年

1624年	1625年	1626年	1627年	1628年	1629年	1630年	1631年	1632年	1633年	1634年	1635年	1636年	1637年
	• 礼部尚书林尧俞在福建莆田建私家别墅，名南溪草堂			• 顾起元（1562-1628年）卒。晚年于金陵杏花村建遁园隐居			• 王心一（1572-1645年）弃官归田得拙政园东侧荒地，建归田园居，并著有《归田园居记》。全本描写拙政园中取名、定景的典故 • 中国最早且最系统的造园著作《园冶》成稿，1634年刊行，作者为计成	• 1632年左右，计成在仪征县为汪士衡修建寤园，在南京为阮大铖修建石巢园，在扬州为郑元勋改建影园等	• 崇祯版《太仓州志》开始编纂。该志中共收录娄东名园13处：田氏园、安氏园、王氏园、杨氏日涉园、吴氏园、季氏园、曹氏杜家桥园、王氏麋场泾园、弇州园、琅琊离赟园、王敬美澹园、东园及学山园 • 祁彪佳（1602-1645年）辞官归家于绍兴愚山构筑私园，次年初具规模，取名寓园。《越中园亭记》《愚山志》是其主要著作 • 山水版画《名山图》刊刻，作者刘叔宪	• 顾绣代表作《韩希孟绣宋元名迹图册》完成	• 刘侗、于奕正合著的《帝京景物略》刊行。书中详细介绍了明朝北京各地的寺庙祠堂、山川风物、名胜古迹、园林景观，甚至河流桥梁，如卢沟桥、白塔寺、天主堂、碧云寺、潭柘寺、鹫峰寺、卧佛寺、戒坛、十刹海、海淀、玉泉山、西山等 • 祁彪佳（1602—1645年）因遭权臣忌陷辞官归家，在寓山构筑私家园林，1637年竣工，取名愚山园，并作《寓山注》，为园中景观作注 • 苏州西园寺修葺	• 季婴写成《西湖手镜》一书，将西湖景点编成一本简明的游览手册	• 扬州望族郑元勋（1598-1645年）于扬州城南建私宅，取名影园。郑氏兄弟的四座园林为：郑元勋的影园、郑元侠的休园、郑元嗣的嘉树园，以及郑元化的五亩之园。五亩之园被誉为当时的江南名园之四
• 荷兰殖民主义者侵占中国台湾 • 葡萄牙耶稣会士安德拉德抵达今西藏阿里地区，开传教士入藏之先河	• 后金始建沈阳宫殿	• 唐志契《绘事微言》刊行 • 八大山人——青云谱 • 唐志契《绘事微言》刊行	•《初刻拍案惊奇》成书，第二年问世。其后作者凌濛初（1580-1644年）又编著《二刻拍案惊奇》，于1632年刊行。二书合称“二拍”	• 王钧阐（1628-1682年）出生，创立新天文历法			• 朱谋撰《画史会要》		• 梅文鼎（1633-1721年）出生，《古今历法通考》的作者	• 阮大铖（1587-1646年）为《园冶作序》，《园冶》刊行	•《崇祯历》完成，作者为汤若望等	• 宋应星《天工开物》成书，反映了当时工艺美术及科技发展的新水平 • 书画家董其昌（1555-1636年）卒。其画作及画论对明末清初画坛影响巨大	

明朝

清朝

清朝

1640年　　　　　　　　　　1650年

1638年	1639年	1640年	1641年	1642年	1643年	1644年	1645年	1646年	1647年	1648年	1649年	1650年	1651年	1652年
				• 贵州太守朱茂时对位于嘉兴的私宅放鹤洲（又名鹤州草堂）进行增改建，新旧宅邸分别由造园家张南垣和张熊父子承担		• 1644-1661年，张惟赤于嘉兴海盐筑涉园 • 1644-1661年，冒辟疆（1611-1693年）于江苏如皋筑水绘园	• 雾灵山被清政府划为清东陵的后龙风水禁地，封禁长达265年 • 重建江宁明代旧有织造府 • 五世达赖喇嘛开始重建布达拉宫，历时五十余年才建成今日规模		• 重建苏州、杭州两地的明代旧有织造府，其与江宁织造府形成清代江南三大织造的格局	• 大学士海宁陈之遴购得已荒废的拙政园，后重加修葺 • 李渔于家乡兰溪建私宅，名伊园，又名伊山别业	• 韩馨购得归氏废园，并将之修筑为栖隐之地，名为洽隐园	• 水利专家、工部主事顾大申在明代画家董其昌旧园遗址上重新修建松江醉白池	• 拆除广寒殿白色喇嘛塔一座，并在山南坡建永安寺，改名为白塔山 • 孙国敉（1584-1651年）卒，其著作《燕都游览志》对于明代北京的私家园林有详细描述，如定国公园（太岁囿）、英国公新园、刘百世别业、刘茂才园、米万钟的漫园、苗太守的湜原、杨侍郎的杨园、驸马都尉万炜的别墅园白石山庄等	• 1652-1653年，席本祯（1601-1655年）于苏州洞庭东山建东园，此园由张然设计
				• 徐霞客（1586-1641年）的《徐霞客游记》于其身后刊行										
						• 扬州园林在明末清初十分发达，到了乾隆年间更进一步繁盛								

清朝

1660年

1653年	1654年	1655年	1656年	1657年	1658年	1659年	1660年	1661年	1662年	1663年	1664年	1665年	1666年	1667年
• 对明代旧苑慈宁宫花园进行重新修葺	• 孙承泽（1592-1676年）于北京西山樱桃沟修筑私宅，建退翁亭，并将樱桃沟取名为退谷					• 药圃归山东莱阳人姜埰（1607-1673年）所得，修葺后改名颐圃，又称敬亭山房，后复改名为艺圃			• 1662-1722年间，扬州八大名园：王洗马园、卞园、员园、贺园、冶春园、南园、郑御史园、筱园 • 1662-1722年间，营建赐园之风盛行，规模较大的有含芳园、自怡园、澄怀园、圆明园、洪雅园（集贤院）等 • 1662-1722年间，靖逆侯张勇建宅园，取名天春园，后增益修葺后易名为增旧园 • 1662-1722年间，天津建有浣花村、南溪、杞园、岭南轩等私家宅园 • 天津盐政署内建还水楼花园 • 拙政园没为官产，被圈封为宁海将军府，次第为王、严两镇将所有	• 康熙将好山园行宫改名为瓮山行宫 • 建清东陵 • 无锡知县吴兴祚于惠山寺天香第一楼废址上改筑云起楼	• 拙政园又改为兵备道（安姓）行馆，未有改作	• 重建眉山三苏祠		• 戏曲家李渔举家从杭州迁居南京，营建了自己的私宅，取名芥子园 • 按察司副使杨兆鲁辞官回乡后，于其旧居注经堂后购荒地六七亩，其中部分为常州原明布政使恽厥初别业西园的旧址，经过五年修葺营建，建成近园。同治初期近园易主为福建按察使刘翊宸所有，1885年归恽彦琦所有，改名复园、静园，俗称恽家花园
• 1653-1656年，史学家谈迁（1593-1657年）将他在此期间在北京的经历见闻及一些诗文写成《北游录》														

清朝

1670年　　1680年

1668年	1669年	1670年	1671年	1672年	1673年	1674年	1675年	1676年	1677年	1678年	1679年	1680年	1681年
• 崇明岛上重筑人工山体金鳌山，并增设园林景观	• 北京西苑白塔建成	• 1670年之后，刑部尚书冯溥（1609-1691年）慕元代廉希宪万柳堂之名于北京广渠门内建别业，也取名万柳堂，又称亦园 • 天津兵备道的薛柱斗在长芦巡盐御史衙署后院建园林，取名环水楼		• 近园初步建成，园主杨兆鲁撰写《近园记》，恽南田书写后刻石并赋诗十二章，王石谷绘《近园图》，笪重光为之题跋。现题记残碑仍留园中 • 修葺重建明龙王堂	• 李渔为兵部尚书贾汉复设计宅园，取名半亩园 • 隐士吴时雅在苏州洞庭东山始建宅园，初名芗畦小筑，又名南村草堂。后由常熟陶子师题点，遂改名为依绿园		• 1675-1679年，平南王耿精忠于福州建宅园，取名耿王庄。1915年改为南公园 • 徐乾学（1631-1694年）于家乡昆山祖居原址上建园林，取名憺园		• 在原金代永安寺，即香山寺旧址扩建香山行宫 • 在承德修建喀喇河屯行宫，这是清代在塞外修建的最早的一处行宫。1704年竣工 • 李渔回杭州，并开始修建层园	• 张然为王熙（1628-1703年）改建怡园 • 淮安始建清晏园，荷芳书院是其园内最具特色的建筑，建于1750年	•《芥子园画传》第一集山水图谱以木版彩色套版印行 • 破败的拙政园改为苏松常道新署，参议祖泽深进行了修葺和改建	• 康熙将北京玉泉山处原有行宫、寺庙翻修扩建，将玉泉山行宫更名为澄心园。1692年更名为静明园。同时在中南海南海中央建大内御苑南海瀛台	• 天津盐商张霖于天津始建问津园，此乃天津第一座大型园林别墅，后荒废 • 施琅返回福建之后主持了多项土木工程，在此期间也修筑了自己的宅园松石山馆，俗称冬园。施琅在泉州城内营建了初夏秋冬四所宅园，除了冬园之外还有春园、夏园，古称苑斋和秋园，古称东园
•“桐城派”代表人物方苞（1668-1749年）出生 •《康熙江宁府志》刊刻，江宁知府陈开虞纂修			• 我国最早的系统的戏曲论著《闲情偶寄》刊刻，作者李渔。《闲情偶寄》包括词曲、演习、声容、居室、器玩、饮馔、种植、颐养共8部	• 创建荣宝斋			• 英国人开始到厦门通商	• 张岱（1597-1676年）卒，著有《嫏嬛文集》《陶庵梦忆》《西湖梦寻》等作品著 • 孙承泽（1592-1676年）卒，著有《春明梦余录》《天府广记》《庚子消夏记》《九州山水考》《溯洄集》《研山斋集》等作品，多传于世			• 以徐元文为监修开始纂修《明史》，1739年刊刻，为二十四史的最后一部	• 笪重光著《画筌》 • 文学家、戏曲家李渔（1611-1680年）卒	

清朝

1690年

1682年	1683年	1684年	1685年	1686年	1687年	1688年	1689年	1690年	1691年	1692年	1693年	1694年	1695年	1696年
• 湖北僧人乾印于昆明滇池岸边结茅讲经，并集资修建观音阁。后云南巡抚王继文在此地建大观楼 • 文华殿大学士冯溥于山东青州筑偶园，俗称冯家花园，此园由张然设计		• 康熙帝首次南巡归来后，于北京西北郊明李伟修建的“清华园”的废址上，修建畅春园。园林山水总体设计由宫廷画师叶洮（1662-1722年）负责，聘请江南园匠张然叠山理水，同时整修万泉河水系，将河水引入园中。为防止水患，还在园西面修建了西堤（今颐和园东堤）	• 据《谈龙录》载，诗人赵执信的祖父赵双美、叔祖父赵进美于苏州后乐桥南北同时破土兴建因、怡两园。怡园，又名似园，俗称北亭子 • 英国威廉·坦普尔爵士发表《论园林》一文，认为中国园林有一种不规则的美 • 1685年之后，位于浙江海宁盐官的陈氏宅园隅园传与本族曾孙清朝文渊阁大学士陈元龙，并更名为遂初园，当地俗称陈园	• 赵吉士（1628-1706年）于北京建寄园		• 扬州宝应进士乔莱于原明朝宝应望族胡氏的画川别业旧址上构筑了纵棹园 • 园艺学专著《花镜》成书，共六卷。作者：陈淏子 • 河南怀庆会馆于汉口建豫成园花园	• 改建明代仁寿宫工程完成，仁寿宫改名宁寿宫 • 李良年（1635-1694年）于嘉兴建私宅，取名秋锦山房 • 据《天津县志》载，天津兵备道朱士杰在城西建宜亭 • 施琅于家乡晋江建成靖海侯府	• 苏州地方文献专集《百城烟水》刊行，作者：徐崧、张大纯 • 高士奇（1645-1704年）于隐居处嘉兴平湖城建江村草堂	• 徐树屏于江苏昆山建徐树屏窗前假山，此为张然设计	• 康熙皇帝亲拨库银1万两，整修潭柘寺 • 将原先玉泉山澄心园改名为静明园。1860年英法侵略军将这里破坏，清光绪年间，该园又重新得到修复		• 康熙帝于北京建造府邸，赐予四子雍亲王，称雍亲王府 • 在原东苑的废墟上建睿王府。1694年康熙皇帝下令将原睿王府改为玛哈噶喇庙。1776年又重新扩建，由乾隆赐名普度寺 •《依绿园记》的作者徐乾学（1631-1694年）卒	• 工部郎中江藻出资于北京外城城西南隅修建陶然亭 • 石涛于扬州筑大涤草堂 • 宰相顾汧致仕返回苏州，购得大片旧宅邸并进行改扩建，新宅园落成后取名凤池园。百年之后，凤池园分归三姓所有，成为独立的三个新园，新园主都称自己的新园为凤池园	• 巡抚宋荦重建沧浪亭，把傍水亭子移建于山之巅，形成今天沧浪亭的布局基础，并以文徵明隶书“沧浪亭”为匾额 • 学者朱彝尊（1629-1709年）于嘉兴建私宅，取名竹垞，俗称曝书亭
• 顾炎武（1613-1682年）卒，为《历代宅京记》20卷，又称《历代帝王宅京记》的作者。该书是顾炎武所编《肇域志》和《天下郡国利病书》的姊妹篇		• 康熙皇帝第一次南巡，至1707年共进行了六次南巡				• 名剧《长生殿》完成，作者洪昇（1645-1704年）		• 常州画派的开山祖师恽南田（1633-1690年）卒。恽南田与王时敏、王鉴、王翚、王原祁、吴历合称为“清六家”						

清朝

1700年　　1710年

1697年	1698年	1699年	1700年	1701年	1702年	1703年	1704年	1705年	1706年	1707年	1708年	1709年	1710年	1711年	1712年
• 康熙皇帝亲赐潭柘寺寺名为"敕建岫云禅寺"，并亲笔题写了寺额，从此潭柘寺就成为北京地区最大的一座皇家寺院		• 康熙皇帝南巡至杭州，登吴山幸西湖，御题西湖十景		• 1701-1706年，僧人成衡在天津南门外建普陀寺，后康熙更其名为海光寺，后毁于八国联军	• 两间房行宫始建于滦平县两间房乡东侧，是清朝皇帝由北京紫禁城到承德避暑山庄御路（北道）沿途各行宫滦平段保存最好的行宫 • 扩建、修葺瓮山行宫	• 康熙帝下令在热河上营一带营建行宫御苑 • 陕西、山西会馆于汉口建怡园花园，后毁于战火，1870年重建 • 建张三营行宫		• 杭州地方官在西湖的孤山脚下为康熙皇帝建行宫	• 孝子程文焕葬父于苏州西碛山南麓，并于此建宅守墓。初由苏州名儒何义门（焯）提名为九峰草庐。其实这座所谓"庐墓之所" 是一座规模巨大的宅园，不久又由康熙时的进士邵北崖（泰）改题逸园	• 石涛（约1630-1707年）卒。扬州园林甲天下的旗手，画家、书法家。存世作品有《石涛罗汉百开册页》《搜尽奇峰打草稿图》《山水清音图》《竹石图》等，著有《苦瓜和尚语录》。石涛设计的位于扬州花园巷的片石山房（又名双槐园），被认为是石涛叠石的人间孤本	• 热河行宫建成，更名为避暑山庄。避暑山庄与颐和园、拙政园、留园并称为中国四大名园。避暑山庄经历了康熙、雍正、乾隆三代帝王，历时89年竣工 • 盐商安尚义父子定居天津，在城东南建宅园，名沽水草堂 •《广群芳谱》成书。康熙皇帝命汪灏等人就王象晋《群芳谱》增删、改编、扩充而成，原名《御定佩文斋广群芳谱》	• 康熙将北京西北郊畅春园北一里许的一座园林赐给第四子胤禛，并亲题园额"圆明园" • 1709-1774年间，圆明园不断增建、扩建 • 上海商人集资于城隍庙东建内园，又名东园	• 甘肃夏河县的拉卜楞寺始建，为藏传佛教六大寺之一	• 1711-1713年，英国作家艾迪生和诗人蒲伯分别撰文指出，自然纯朴、隐而不露的中国园林比尺寸精确、线条工整的欧洲园林更有一种亲切、庄严之美 • 御题避暑山庄三十六景 • 张玉书（1642-1711年）于常州购得旧宅改建为私宅，取名青山庄，之后其后代对其进行了数次改扩建，青山庄俗称常州大观园	
		• 名剧《桃花扇》上演，作者为孔尚任（1648-1718年）。时人将孔尚任与洪昇并称为"南洪北孔"		• 张英、王士祯、王惔等撰的《渊鉴类函》成书			• 颁布标准铁斛，统一全国量器		• 由江宁织造曹寅主持编修的《全唐诗》完成						

• 藏传佛教六大寺为拉卜楞寺、扎什伦布寺、甘丹寺、色拉寺、哲蚌寺、塔尔寺

清朝

1720年

1713年	1714年	1715年	1716年	1717年	1718年	1719年	1720年	1721年	1722年	1723年	1724年	1725年	1726年	1727年	1728年
• 1713-1780年，河北承德避暑山庄东北部外八庙陆续建成。外八庙包括溥仁寺、溥善寺（现已不存）、普宁寺、安远庙、普陀宗乘之庙、殊像寺、须弥福寿之庙、广缘寺							• 皇四子胤禛（雍正）对大觉寺进行了大规模的修建 • 知府许玠将岳阳文昌祠改建为岳阳书院	• 据史料记载，苏东坡后裔于上海始建东湖山庄，俗称苏家楼，两年后建成完工	• 1722-1735年，雍正年间始建承泽园 • 1722-1735年，大学士明珠的别墅园自怡园被雍正籍没，后逐渐荒废 • 1722-1735年，毕本恕于扬州北门城外建毕园 • 1722-1735年，贺君召于扬州保障湖莲性寺侧建东园（贺园） • 牟氏庄园始建，又称牟二黑庄园，位于山东栖霞，是现存规模最大、保存最为完整的北方地主庄园形制	• 天津大盐商查日乾建私家宅园，取名水西庄	• 雍正皇帝开始大规模地扩建圆明园 • 天津盐政署内建铎志轾花园	• 雍正将索额图的赐园澄怀园赐予张廷玉等九位大臣居住，俗称翰林花园 • 改雍亲王府为行宫，称为雍和宫		• 雍正帝颁旨将西湖行宫改为圣因寺。当时的圣因寺与净慈寺、昭庆寺、灵隐寺并称为杭州西湖四大名刹 • 张维熙改建旧松江西园，取名塔射园。该园由张南垣设计	•《古今图书集成》初版刊行，其是我国现存最大的古代类书。《娄东园林志》出自于其中的“考工典”。编纂者为陈梦雷（1651-1741年） • 建玉泉鱼跃亭于泉上
		• 郎世宁（1688-1766年）作为天主教耶稣会的修道士来中国传教，随即入宫成为宫廷画家 • 曹雪芹（1715-1763年）出生，为《红楼梦》的作者											• 泉州南安中宪第始建，乾隆年间竣工，俗称九十九间		• 命各省重修通志 • 珐琅彩烧制成功

清朝

1730年　　　　　　　　　　　　　　　　　　　　1740年

1729年	1730年	1731年	1732年	1733年	1734年	1735年	1736年	1737年	1738年	1739年	1740年
		• 在田汝成《西湖游览志》的基础上，由浙江总督李卫监修、傅王露总纂的《西湖志》成书，全书共48卷		• 直隶总督李卫在保定莲池西北建莲池书院	• 北京明崇福寺被定为律宗寺庙，传授戒法，并正式改为今名“法源寺” • 北京西郊卧佛寺更名为十方普觉寺 • 余元甲于扬州新城康山街建万石园	• 扩建香山行宫	• 藏书家赵昱（1689-1747年）筑春草园别墅，建小山堂等藏书楼 • 扬州巨富汪应庚于扬州大明寺平山堂西侧购地营建御苑，又称西园 • 1736-1795年间，沈其奕于苏州筑宅园，取名止园，后归周勋齐，更名朴园 • 1736-1795年间，温州著名士绅曾唯和他的弟弟曾儒章，晚年买下九山河畔的一片菜园，建成依绿园，又名籀园 • 1736-1795年间，西藏拉萨建罗布林卡，位于拉萨的西郊，是历代达赖喇嘛的夏宫 • 1736-1795年间，蒋楫、毕沅、孙士毅三家先后居于五代吴越钱氏“金谷园”旧址，并掘地为池，叠石为山，造屋筑亭于其间。1847年成为汪氏宗祠“耕耘义庄”的一部分，更名为环秀山庄，又称颐园 • 1736-1795年间，上海申氏购得明秀才沈弘正的宅园沈氏园，修葺后，与龚氏园合并，与城隍庙连为一体成为庙园，此时始定名为秋霞圃，也有城隍园之名流传 • 1736-1795年间，整治大明湖，使其成为济南城内一处大型公共园林 • 1736-1795年间，修葺位于安徽歙县西唐模村以东的檀干园。该园始建于清初，为当地富商徐氏仿照杭州西湖所建，故又称小西湖 • 1736-1795年间，扬州的私家园林有安氏园、易园、康山草堂、退园、徐氏园、静修养俭之轩、荣园、别囿、芍园、城南别墅、二分明月楼、个园、幽讨园、吴园(锦春园)、秦园、两畴别业、深庄、漱芳园、水南花墅、南同(九峰园)、十亩梅园、山亭野眺、双峰云栈、尺五楼、万松叠翠，吞流回舫、蜀冈朝旭(高咏楼)、平流涌瀑、春台祝寿、锦泉花屿、双桐书屋、罗园、堞云春暖、卷石洞天(古郧园，又称小洪园)、倚虹园(虹桥修禊、柳湖春泛)、西园曲水、江园(净香园)、四桥烟雨(趣园)、韩圃(依园)、桃花坞、梅岭春深、临水红霞（桃花庵）、平冈艳雪、邗上农桑、杏花村舍、石壁流淙(水竹居)、青琅玕馆（江春别业或孙家花园）、熙春台等 • 原明代东苑、兔园已成为民居，不复存在 • 拙政园中部归太守蒋棨所有。当时园内荒凉满目，蒋氏经营有年，始复旧观。曾有《复园嘉会图》传世。西部归太史叶士宽，其中有拥书阁、读书轩、行书廊、浇书亭诸胜，皆昔年废地，由叶氏新筑。园南的东部花园第宅，其时归部郎潘师益。潘与其子在内营构瑞棠书屋		• 1738-1774年，这一时期，皇家的园林建设几乎没有中断	• 查日乾之子查为仁于水西庄内建园中之园，取名屋南小筑。后因乾隆皇帝先后四次下榻于水西庄，并赐名“芥园”而兴盛，道光年后该园逐渐衰败，庚子之乱后被战火所毁	• 于紫禁城北部，重华宫之西，建福宫北建大内御苑建福宫花园
• 雍正颁布了第一道禁止鸦片谕旨，也是世界上第一道禁烟法令		• 画家沈铨携弟子赴日本传授绘画艺术，影响很大		• 命各省设立书院	• 为加强建筑业的管理，由工部编定并刊行了一部《工程做法则例》的术书，作为控制官工预算、作法、工料的依据					• 张庚《国朝画征录》刊行	

清朝

1750年

1741年	1742年	1743年	1744年	1745年	1746年	1747年	1748年	1749年	1750年	1751年	1752年	1753年
• 再度营建避暑山庄	• 北海北岸原明先蚕坛迁走，在原址上改建为乾隆帝的休息处，取名为澄观堂 • 扬州盐商汪应庚编纂《平山览胜志》（十卷），并自刻行世 • 沈万三（1286-1394年，另有说生于1330年或1328年）后代沈本仁于苏州昆山周庄镇建沈亭，原名敬业堂，后改称松茂堂		• 在盘山南麓始建静寄山庄，又名盘山行宫，1754年竣工，是蓟县境内的乾隆五大行宫之一 • 雍和宫改为喇嘛庙 •《扬州东园记》成书 • 圆明园四十景成，御题《圆明园四十景图咏》，御书四十景名额	• 位于上海市郊青浦镇的邑庙灵苑开建，为城隍庙的附属园林 • 皇家在香山大兴土木，建成名噪京城的“香山二十八景”，乾隆皇帝赐名静宜园 • 1745年前后，在圆明园东侧建长春园。两年后该园中西路诸景基本成型，1751年正式设置管园总领。稍后又在西部增建茜园，北部建成西洋楼景区，并于1766-1772年集中增建了东路诸景。 • 保定莲池改为行宫别苑 • 建青浦城隍庙庙苑，取名灵园 • 畲庆堂，建于苏州吴中，为保存比较完好的清代民居建筑	• 贺君召建于扬州莲性寺东边的东园（又称贺园）竣工 • 于北海北岸原明代太素殿、先蚕坛的旧址上建成阐福寺 • 始建于明嘉靖年间的位于上海嘉定南翔的“猗园”更名为“古猗园”	• 修葺改建康熙时期的康亲王宅邸，取名乐善园，后改建为长河行宫 • 1747-1759年，乾隆修建圆明园长春园西洋楼，由郎世宁、蒋友仁、王致诚等设计指导	• 碧云寺进行了大规模的修整和扩建，为北京西山诸寺之冠 • 修缮扩建明大圆通寺为行宫，改称香界寺	• 袁枚（1716-1797年）辞官，于南京小仓山下购置隋氏废园，改筑，取名随园	• 清漪园始建，历时15年竣工，为清代北京著名的“三山五园”（香山静宜园、玉泉山静明园、万寿山清漪园、圆明园、畅春园）中最后建成的一座。该园于1860年在第二次鸦片战争中英法联军火烧圆明园时同遭严重破坏 • 英国出版了《中国式田园建筑》 • 扩建静明园	• 乾隆决定在瓮山行宫修建一个大型皇家园林。乾隆在圆静寺的基础上修建大报恩延寿寺，之后该寺被英法联军烧毁，光绪又在其遗址上修葺，命名为佛香阁 • 乾隆将西湖的圣因寺改回行宫，并重修西湖行宫 • 乾隆皇帝南巡杭州，将清初汪之萼的别墅赐名为小有天园，并作诗咏之。小有天园与南京的瞻园、海宁的安澜园、苏州的狮子林并称清乾隆时期“江南的四大名园”，并在圆明园中仿建。今建筑已毁，遗迹仍可寻 • 乾隆帝南巡，见杭州六和塔和南京报恩寺挺拔秀丽，为报其母恩，于京师仿建两塔 • 修复苏州洽隐园 • 于颐和园的东北角仿无锡寄畅园建园中园，取名惠山园	• 乾隆于避暑山庄建永佑寺	• 乾隆再次扩建静明园，并命名“静明园十六景。”1759年全部建成
			•《秘殿珠林》成书，24卷，张照等编	•《石渠宝笈》初编成书，共44卷，是我国书画著录史上的集大成著作		• 宫廷刻帖《三希堂法帖》完成	• 于碧云寺中轴线最西边建金刚宝座塔，为典型的印度式佛塔		•《儒林外史》成书，作者吴敬梓（1701-1754年） • 1750年左右，马蒂斯·达利（Matthias Darly）撰写了《关于中国式、哥特式和现代椅子的新书》 •《乾隆京城全图》完成，对于京城中的王府、院落进行了详细的绘制	• 乾隆皇帝第一次南巡，至1784年共进行了六次南巡 • 1751-1752年，英国出版了《中国建筑和哥特式建筑》		
			• 扬州私家园林的第二个黄金期									

清朝

1760年

1754年	1755年	1756年	1757年	1758年	1759年	1760年	1761年	1762年	1763年	1764年	1765年	1766年	1767年	1768年	1769年
• 乾隆于避暑山庄仿杭州六和塔建永佑寺塔。1764年竣工 • 英国出版了《中国设计新书》	• 重新修葺浙江漪园 • 于河南新密创建桧阳书院	• 安徽歙县盐商曹氏建竹山书院 • 郎世宁为长春园东边新建西洋楼式花园起地盘样稿，御旨准造 • 山西祁县乔家大院始建，又称在中堂，为典型的北方传统民居建筑形制	• 乾隆帝巡视江南，驻跸瞻园，并御题“瞻园”匾额 • 英国出版了建筑学家威廉·钱伯斯的《中国房屋、家具、服饰、机械和家庭用具设计图册》，书中充满了对中国建筑的颇具启发意义的论述 • 扬州建五亭桥	• 北海北岸镜清斋建成，这是一座典型的园中之园 • 于承德避暑山庄山脚下建成普宁寺，为外八庙之一 • 宝月楼建成，即现在的新华门	• 北海北岸的西天梵境建成，为宫廷佛寺，又名大西天。 •《苏州名胜图咏》首次刊印，苏州人郭衷恒辑	• 秦少游后人秦荷于上海嘉定购得明崇祯周国丈花园为小山堂园，重修后取名秦园。1849年又重新修葺改建，蔚为一时之冠，后损毁	• 重修北京西郊五塔寺、万寿寺 • 保定莲池十二景完成 • 镇江焦山行宫建成，有焦山行宫、东行宫、上行宫三部分	• 乾隆南巡，驻跸于浙江海宁盐官的遂初园，赐名安澜园 • 山西永济人杨秉钺于天津建萧闲园，清末荒废。1879年在此设立天津南北洋电报总局	• 清乾隆重修行宫，把金代鱼藻池的旧址滩治成湖，并引来香山之水，使之通到阜成门外护城河。到了乾隆三十九年，增建了钓鱼台台座，乾隆皇帝还亲自题写了“钓鱼台”三字，并制诗，分别刻在台西、东额石匾上。滩治成的湖，就是玉渊潭，修建的行宫，就是钓鱼台	• 乾隆将位于圆明园福海北岸山峦里的四宜书屋进行大修，并改名为安澜园 • 著名画家、造园家戈裕良（1764-1830年）出生。苏州环秀山庄的湖石假山即他的代表作之一，现存的作品还有扬州小盘谷、常熟燕园，其他作品还有常州花桥里诗人洪亮吉的西圃、江苏如皋汪氏霖文园和绿净园、江苏仪征朴园、南京孙星衍的五松园和五亩园、虎丘一榭园等	• 扬州湖上园林达到一个高潮 • 扬州瘦西湖园林集群基本建成完工，分别被命名为24景，其中大部分为一园一景，景名即园名。瘦西湖不仅是私家园林的聚集地，同时也是一处公共园林 • 天津建柳墅行宫，为官署花园		• 巡抚沈德潜于苏州沧浪亭旁边重筑园林，名为近山林，又名乐园		
	• 海上贸易限于广州，禁止外商至江浙闽海关贸易 •《平山堂记》作者全祖望（1705-1755年）卒		• 木刻山水版画集《江南名胜图说》刊行			• 在乌鲁木齐、伊犁屯田垦荒，移民实边			•《江南名胜图咏》刻本刊刻，郭衷恒辑		• 扬州八怪之一的郑板桥（1693-1765年）卒				• 销毁钱谦益（1582-1664年）著作

• 瘦西湖24景：卷石洞天、西园曲水、虹桥览胜、冶春诗社、长堤春柳、荷浦薰风、碧玉交流、四桥烟雨、春台明月、白塔晴云、三过流淙、蜀岗晚照、万松叠翠、花屿双泉、双峰云栈、山亭野眺、临水红霞、绿稻香来、竹市小楼、平岗艳雪、绿杨城廓、香海慈云、梅岭春生、水云胜概

清朝

1770年										1780年					
1770年	**1771年**	**1772年**	**1773年**	**1774年**	**1775年**	**1776年**	**1777年**	**1778年**	**1779年**	**1780年**	**1781年**	**1782年**	**1783年**	**1784年**	**1785年**
• 原是康熙帝十三皇子怡亲王允祥的赐园交辉园正式归入圆明园，定名绮春园，改悬匾额 • 1770年左右，解甲归田的光禄寺少卿宋宗元购得苏州万卷堂渔隐并重建，定园名为网师园。乾隆末年园归瞿远村，按原规模修复并增建亭宇，俗称瞿园。钱大昕（1728-1804年）曾作《网师园记》。沈德潜（1673-1769年）曾作《网师园图记》，生动地描绘过名园雅集的情景 • 潘有为于广州建六松园，又名东园，其中的六松园古石桥又名福荫桥，现在尚存	• 北海北岸小西天建成，又名观音阁、极乐世界 •《南巡盛典》120卷完成，高晋等纂辑。书中附有南巡沿途名胜的插图160幅	• 开始营建位于紫禁城东北部宁寿宫西路的花园，即宁寿宫花园，1776年竣工。该园是为乾隆皇帝“归政授玺”后游憩预备的，后来被人们叫作乾隆花园 • 乾隆下令疏浚团河后开始动工修建团河行宫，于1777年竣工。团河行宫是南苑四座行宫中规模最大的一座	• 疏挖南旱河，将香山一带泉水引至玉渊潭，并扩大玉渊潭水域面积，使之成为京城西部蓄水调洪湖泊。尔后，又重修钓鱼台，建养源斋、潇碧轩、澄漪亭等，使钓鱼台成了皇帝的行宫	• 钓鱼台行宫始建，1778年竣工 • 于绮春园内设置管园总领	• 顾云请吴渔门绘《蒲塘十二园图》，并题写了律诗十二首，同时题诗的还有吴经元、吴合纶二人。古镇白蒲在清代中叶名园众多，后大多被毁。除上述十二园之外还有四世读书堂、白蒲书屋、薑芥园、潇湘馆、西园等的记载	• 清代学者毕沅（1730-1797）在陕主政期间，编撰成《关中胜迹图志》三十卷，是研究陕西历史地理及文物古迹，尤其是周秦汉唐史迹的重要文献，在学术界早有“孤本难觏”之叹 • 和珅开始修建豪华宅第，时称“和第”	• 知县范国泰重新修缮金鳌山，并增设亭台楼榭等园林景观			• 由台湾知府蒋元枢在常熟城北辛峰巷建燕园 • 苏州徐氏东园内瑞云峰移至织造府行宫 • 蒋元枢在常熟城北辛峰巷建宅园，取名蒋园。1829年，泰安县令蒋因培重新修葺，并请造园家戈裕良设计，改名燕谷，又称燕园或燕谷园		• 为珍藏《四库全书》，始建杭州文澜阁，一年后建成。1861年焚毁，1880年重建		• 上海邑庙灵苑拓地池筑堤累石，建成二十四景 • 奉旨兴建扬州重宁寺。重宁寺与天宁寺、建隆寺、慧因寺、法净寺、高旻寺、静慧寺、福缘寺并称为清代扬州八大名刹 •《江南园林胜景图》成书	•《日下旧闻考》印行，其中八十、八十一、八十二卷专记圆明园。另外还记述了六处于顺天府辖境内的建置的小型行宫，有汤山行宫、怀柔行宫、刘家营行宫、罗家桥行宫、要亭行宫、烟郊行宫 • 徽商洪旃林于汉口建宅园，取名谁园
		• 开始汇编《四库全书》	•《乾隆平定准部回部战图》在法国印成		• 在东路文华殿之北建造了文渊阁藏书楼		• 戴震（1724-1777年）卒，著作有《筹算》《考工记图注》《勾股割圜记》《周髀北极璇玑四游解》等			• 扬州建文汇阁,又称御书楼	• 沈宗骞著《芥舟学画编》	•《四库全书》完成			

清朝

1790年　　1800年

1786年	1787年	1788年	1789年	1790年	1791年	1792年	1793年	1794年	1795年	1796年	1797年	1798年	1799年	1800年
		• 乾隆巡幸天津道观园林香林苑，并更改观名为崇禧苑	• 江苏盐商包云舫于武汉汉阳莲花湖北侧建宅园，取名怡园	• 避暑山庄竣工		• 济南大明湖西北岸仿照苏州沧浪亭建小沧浪 • 长沙岳麓山清风峡口建爱晚亭		• 徐承烈（1730-1803年）参考清康熙三十年《绍兴府志》等文献资料，又走遍绍兴全境，实地考察，编成《越中杂识》	•《扬州画舫录》成书，共十八卷。书中记载了扬州一地的园亭奇观、风土人物。作者李斗（？-1817年），清代戏曲作家 • 绮春园进行大规模改建和增建。至1805年共约建成十余处园林风景群，嘉庆帝题咏“绮春园三十景”	• 戴璐（1739-1806年）著《藤阴杂记》12卷刻行 • 1796-1820年，山东潍县富户陈迪耀建私人花园，取名南松园，后改名为自怡园 • 1796-1820年广东澄海樟树林镇建西塘，又名洪源记花园 • 1796-1850年，佛山梁园建成	• 刘恕于苏州购得明嘉靖年间太仆寺卿徐泰时的东园，改筑扩建之后，取名寒碧山庄，又称刘园	• 戈裕良设计的苏州虎丘——榭园始建 • 江苏刘云房应青浦知县杨东屏之邀，在上海灵园中吟诗宴饮，取王羲之《兰亭集序》曲水流觞之意将园名改为青浦曲水园 • 1798-1805年，戈裕良设计扬州秦氏小盘谷	• 和珅被“赐令自尽”。其宅园和第归庆僖亲王永璘所有 • 广东修建澄海樟林西塘	• 龙应时于广东顺德购得明末状元黄士俊宅园，重建后传给儿子龙廷槐。龙廷槐修葺改建后，取名清晖园
				• 徽班进京	• 冯金伯《国朝画识》成书	• 龚自珍（1792-1841年）出生	• 英国政府派特使马嘎尔尼来华，提出开放通商口岸的要求，遭到拒绝						• “扬州八怪”（罗聘、李方膺、李鳝、金农、黄慎、郑燮、高翔和汪士慎）中最年轻者罗聘卒	
										• 进入清代，特别是乾隆之后，佛山的造园之风日益兴盛，各大家族纷纷建造私家宅园，其中以吴氏家族建的西华草堂、守拙园、陆沈园等和佛山梁氏建的梁园最为著名		• 曲水园与上海市内的豫园、南翔古漪园、嘉定秋霞圃、松江醉白池齐名，是上海五大园林之一		

1810年

1801年	1802年	1803年	1804年	1805年	1806年	1807年	1808年	1809年	1810年	1811年	1812年	1813年	1814年	1815年	1816年
	• 1802–1806年间，苏州虎丘——榭园进行了两次改建修葺，造园家戈裕良有参与	• 朱彭（1731–1803年）卒，撰辑了《武林谈薮》《南宋古迹考》，后又撰写了《吴越古迹考》《南渡寓贤录》《书画所见集》等专著，对杭州历史上吴越、南宋两代古迹、掌故、人物等有一定研究	• 汪为霖对于旧宅园“文园”进行改建，并在其北新建“北园”，即绿净园，聘请造园家戈裕良为其进行改建和新园的设计	• 君曼堂于常熟建壶隐园		• 建北京湖广会馆，此地原为明丞相张居正故居，明万历年间，张居正将故居捐建全楚会馆。清初此地曾为清翰林院掌院学士王熙的怡园，康熙年间为诗人徐轨的居址 • 戈裕良为孙士毅宅叠假山		• 翰林院掌院学士潘世恩为奉养父亲，购钮家巷凤池园西部修为宅第，名“养亲园”、“状元府”、“太傅第”，即现在的苏州状元博物馆	•《唐两京城坊考》成书，编撰者徐松（1781–1848年）。《唐两京城坊考》分五卷；卷一至卷四为西京，附有外郭城、三苑、宫城、皇城、大明宫、兴庆宫六图；卷五为东都，附有外郭城、苑、宫城皇城、上阳宫四图	• 重修颐和园中的园中园惠山园，改名谐趣园	• 1812年左右，富商甘福（1768–1834年）请造园家戈裕良为其在南京的祖宅旁建园林景观，取名桐阴小筑		• 绮春园达到全盛规模，成为嘉庆帝长年园居的主要处所之一 • 1814–1818年，孙星衍于南京建五亩园，此园由戈裕良设计		• 工部侍郎李宗瀚于桂林榕湖西建别墅，取名湖西庄
• 史学家章学诚（1738–1801年）卒，著有《文史通义》			• 史学家钱大昕（1728–1804年）卒	• 纪昀（1724–1805年）卒。阅微草堂是纪昀为自己居所起的雅号，并在此撰写了《阅微草堂笔记》			• 沈复（1763–1825年）完成自传体散文《浮生六记》 • 1808–1814年，编纂《全唐文》			• 曾国藩（1811–1872年）出生			• 张问陶（1764–1814年）卒。其曾为好友海盐查澹余撰《邓尉山庄记》 •《采芳随笔》刊成，共计24卷，作者查彬	• 蓝浦著《景德镇陶录》 • 定《查封鸦片章程》	• 胡敬著《国朝院画录》

清朝

1820年

	1817年	1818年	1819年	1820年	1821年	1822年	1823年	1824年	1825年	1826年	1827年	1828年
	• 陶霁云请季霞客绘《蒲塘十景图》，题诗者为吴廷瑞，另有姚学源、顾金棻、吴经元诸人之作附于图后	• 两淮商总黄应泰于扬州东关街修建个园。该园建于清嘉庆二十三年（1818年）由两淮盐总黄至筠于明寿芝阁旧址重建	• 约1819年，巴光诰于扬州仪征建朴园，此园由戈裕良设计 • 1819-1832年，张宝刊行了《泛槎图》十三幅、《续泛槎图》二十三幅、《续泛槎图三集》二十七幅等	• 乾隆帝第十七子永璘封庆亲王，赐春和园，俗称庆王园	• 对绮春园东路的敷春堂一带进行改建增饰，专供皇太后、皇太妃园居之用。西路诸景仍属道光、咸丰二帝园居范围 • 1821-1850年间，近春园、清华园。康熙年始建，乾嘉时为圆明园附园，名熙春园。道光年间熙春园被分成东西两个园子，西边的园子起名为近春园，东边的园子仍名为熙春园。咸丰登基之后，就将东边的熙春园改名为清华园了 • 1821-1850年间，将康熙年间建造的含芳园赐定郡王奕铨，更名蔚秀园 • 1821-1850年间，春和园转赐恭亲王奕欣，始改称朗润园。朗润园与鸣春园、镜春园一同为清代的三座著名宗室赐园 • 1821-1850年间，内阁中书梁蔼如与其侄梁九章、梁九华、梁九图4人于广东佛山合筑梁园，历时四十余载建成 • 1821-1850年间，广西武鸣乡宦屯举人梁生杞，出资让其子梁源洛、梁源纳负责在当地开辟营建一私人果园，建成明秀园，又称富春园，后被广西军阀陆荣廷占 • 1821-1850年间，魏源于扬州筑宅园，取名挈园，后损毁 • 1821-1850年间，陈仲于扬州筑宅园，取名伊园，后损毁 • 1821-1850年间，阮元于扬州筑宅园，取名小云山馆，后损毁 • 1821-1850年间，曾国藩重建南京煦园 • 1821-1850年间，云南总督阮元仿西湖“苏堤”美韵于昆明翠湖修筑南北横堤，取名阮堤。而东西纵堤则修筑于民国年间，取名唐堤 • 1821-1850年间，毕节大屯土司庄园建成，为现存规模最大、保存最为完好的彝族土司庄园古建筑群落。其位于贵州毕节市，据说为彝族土司余象仪所建		• 钱泳《履园丛话》编成		• 泉州德化县翰林院侍诏郭行陶建私家书院，取名树德书院	• 1826-1874年，浙江嘉兴为皇帝南巡于南湖建烟雨楼	• 布政使、江苏巡抚梁章钜重加修葺苏州近山林，划归正谊书院，成为书院园林，易名为可园。咸丰、同治年间，可园遭到兵火破坏	• 钱端溪于苏州修建端园
			• 黄河在豫东泛滥成灾		• 鸦片走私开始猖獗				• 翰林孙继勋建藏书楼，取名岳雪楼，此楼与康有为的“万木草堂”、伍崇曜的“粤雅堂”、潘仕成的“海山仙馆”并称为清末广东四大藏书楼	•《皇朝经世文编》成书，次年刊发		
		• 清朝中晚期，扬州的园林繁荣兴盛										

清朝

1830年　　1840年

1829年	1830年	1831年	1832年	1833年	1834年	1835年	1836年	1837年	1838年	1839年	1840年	1841年	1842年	1843年	1844年
• 林则徐于福州建桂斋，1905年改称林文忠公读书处，后被毁，仅留桂斋、禁烟亭等 • 张维屏(1780-1859年)辞官归里，其子在广州西南郊白鹅潭畔为其营建宅园，取名听松园				• 乔家花园创建于山西新绛县 • 进士邱景湘于家乡福州购得旧宅后重建宅园，取名小荔湾，俗称邱家花园，简称邱园	• 画家罗辰于桂林榕湖南营建私宅，取名芙蓉池馆。罗辰的传世作品有《桂林八景图》《桂林山水》诗画稿和《芙蓉池馆诗画稿》等	• 广州十三行商人伍秉鉴（1769-1843年）1803年于广州省河（今珠江）南岸边营造的宅园“伍园”扩建，增筑万松园，此园为伍园的园中园 • 安徽宏村重建碧园，该园始建于明万历年间				• 苏州姜氏艺圃被绸缎同业立为七襄公所	• 顾沅（1799-1851年）于苏州甫桥西街（今凤凰街北段）建成了辟疆小筑，俗称辟疆园 • 杨延俊于无锡惠山脚下建留耕草堂，又称潜庐 • 江南人史氏模仿北京茶园的形式在广州建庆春园，为园林式戏园，后毁于兵火		• 顾禄的《桐桥倚棹录》刊刻完成，是一部记述苏州虎丘山塘一带山水、名胜、寺院、第宅、古迹、手工艺等的专著	• 袁学澜（1804-1879年）于苏州郭巷东南面的渡桥村购置旧宅，将这里改建成一个花园，取名适园。居中是一座考究的厅堂，称“静春别墅”	• 钱泳（1759-1844）卒。著有《履园丛话》《履园谭诗》等 • 包松溪于扬州南河下街购置驻春园，改建之后，取名棣园
•《皇清经解》成书 • 记述南汉国历史的《南汉书》成书，作者梁廷（1796-1861年）	• 顾禄的《清嘉录》付梓		•《吴门表隐》成书，作者顾震涛（1750年-不详） •《金陵名胜诗抄·秦淮诗抄》刊刻，李鳌辑					• 顾禄的诗集与《清嘉录》在日本出版 • 查禁白银出口		•《花甲闲谈》刊刻，张维屏著 •《鸿雪因缘图纪》刊刻，完颜麟庆撰著			•《海国图志》出版，魏源编辑		
										• 颁布《钦定严禁鸦片烟条例》 • 林则徐虎门销烟	• 鸦片战争爆发				

清朝

1850年

	1845年	1846年	1847年	1848年	1849年	1850年	1851年	1852年	1853年	1854年	1855年	1856年	1857年	1858年	1859年
		• 工部尚书张祥河（1785-1862年）购得旧宅后改扩建，取名遂养堂	• 汪为仁得孙士毅宅后，重修东花园，名为颐园，又称环秀山庄 • 书画家潘遵祁（1808-1892年）乞归故里吴县，隐居山林筑香雪草堂 • 扬州画家王素作《棣园十六景图册》	• 晚清同知陈式金于江苏江阴建宅园，取名适园	• 记载吴地风俗的专著《吴郡岁华纪丽》成书，作者袁学澜，董兆熊、亢树滋、俞樾分别于1856年、1863年、1873年为该书作序，其时，该书尚未刊印出版，只有手抄本	• 张敬修于广东东莞始建可园。1860年竣工。可园是岭南园林的代表作，与顺德清晖园、佛山梁园、番禺余荫山房合称清代粤中四大名园 • 1850-1861年，两广总督瑞麟建宅园，名为余园 • 1850-1861年，道台、安徽人陆解眉于苏州购得旧宅园朴园，改建后取名半园，因在仓米巷史氏半园（俗称南半园）之北，故称北半园，又俗称陆氏半园	• 恭亲王奕䜣成为和第的第三代主人，改名恭王府，恭王府之名由此沿用至今。恭王府北有萃锦园，是现存比较完整的王府 • 陆以湉编著的《冷庐杂识》刊行		• 太平天国定都南京后，瞻园为东王杨秀清和夏官丞相赖汉英的王府花园		• 冯逍庵请秦春舫绘《蒲塘十景图》，并请姚鹏春题写七绝十首。随后题诗的有冯昌禄、冯棣昌、姚鸾诸人	• 1856年前后，晚清著名花鸟画家居巢（1811-1865年）、居廉(1828-1904年)兄弟于广州建宅园，取名十香园			
	• 外国人在华开设的第一家工厂柯拜船坞开办				• 梁章钜(1775-1849年)卒，著作有《楹联丛话》，共十二卷，以及《浪迹丛谈》《退庵诗存》等			• 蒋宝龄《墨林今话》刊印		• 中国第一位留美学生容闳毕业于耶鲁大学，次年回国					• 袁世凯（1859-1916年）出生
	•《上海租地章程》订立，自此中国出现租界	• 清政府解除1723年（雍正元年）颁布的禁教令	• 上海爆发徐家汇教案									• 英法发起第二次鸦片战争			

清朝

1860年　　1870年

1860年	1861年	1862年	1863年	1864年	1865年	1866年	1867年	1868年	1869年	1870年	1871年	1872年
• 英法联军洗劫圆明园，文物被劫掠，烧毁园中的建筑物 • 清漪园、静明园被英、法侵略军焚毁 • 英法联军攻入北京，烧毁三山五园、集贤院等 • 太平天国于苏州建慕王谭绍洸王府，称慕园 • 忠王李秀成率太平军攻克苏州。将吴姓拙政园基地改建忠王府，并将其东潘姓、其西汪姓宅第等一并收入，扩展为王府之地 • 太平军占领上海青浦时，清军与华尔之洋枪队联合攻城，曲水园毁于炮火 • 1860年之后，李鸿章特聘当时的美国建筑大师罗杰斯来沪设计营造私家宅园，取名丁香花园	• 刑部尚书文煜（？-1884年）于北京建宅园，取名可园	• 1862-1874年，画家梅曾亮之子梅缵高于南京建宅园，取名颐园，现已毁 • 1862-1874年，盛宣怀购得刘恕的寒碧山庄，重加扩建，修葺一新，取“留”与“刘”的谐音，始称留园 • 1862-1874年，绮春园重建，改称万春园 • 1862-1874年，翰林院编修冯桂芬居住于苏州笑园 • 1862-1874年，江苏巡抚李鸿章在苏州洽隐园创立安徽会馆及程公祠，作为安徽同乡宴息之所，并重修园林，取名惠荫园 • 富商陈熊于南浔的皇御河畔建私宅园，取名颖园，1875年落成	• 太平军退出苏州，李鸿章据忠王府为江苏巡抚行辕 • 以赈灾出名的李春城于天津建私园，取名荣园，俗称李善人花园或李家花园。现为人民公园	• 曾署苏州知府的湖州吴云筑宅于苏州，园内有古枫，故名听枫园。因园中亭馆雅洁，池石清幽，被誉为吴中著名的书斋庭园 • 太平天国天京保卫战，瞻园毁于兵燹	• 广州建沙面公园。现为公众花园 • 袁枚后人袁起所作《随园图》《随园图说》刊行	• 清代举人邬彬于广州番禺建私家花园，取名余荫山房，又名余荫园，馀荫山房		• 上海建外滩公花园，后称黄浦花园。现为外滩一部分 • 张日清于武昌建宅园，取名寸园	• 唐岳于桂林建真山真水私园，取名雁山园，又名西林花园。现名雁山公园	• 苏州吴中沈柏寒先辈建宅园，俗称沈宅，是甪直古镇保存较完整的宅第		• 冯缵斋于浙江海盐明代故园拙宜园、砚园的基础上建私园，取名绮园。绮园为江南典型私家园林 • 红顶商人胡雪岩于杭州建芝园，历时3年完成，以建筑为主，有春夏秋冬4园。1903年胡后人售与文煜
		• 新式学堂京师同文馆成立			• 江南机器制造总局在上海成立。此为清政府洋务派开设的规模最大的近代军事企业，近代最早的新式工厂之一 • 陆以湉（1802-1865年）卒，编著有《冷庐杂识》《冷庐医话》《再续名医类案》《冷庐诗话》《苏庐偶笔》《吴下汇谈》等	• 近代第一家资本主义工业企业发昌机器厂在上海成立 • 孙中山（1866-1925年）出生	• 伦敦赁卖从圆明园掠去之物	•《教会新报》，后改名《万国公报》在上海创刊			• 上海香港间的海底电报线铺成	•《申报》在上海创刊 • 第一批官费留学生赴美留学
	• 同治以后江南的造园活动中心逐渐转移到苏州	• 晚清著名学者俞樾作《留园游记》称留园为吴下名园之冠								• 天津教案发生		

清朝

1880年

	1873年	1874年	1875年	1876年	1877年	1878年	1879年	1880年	1881年	1882年	1883年	1884年
	• 沧浪亭重新修葺改建，遂成今天之貌 • 朴学大师俞樾（1821-1907年）亲自于苏州设计建造曲园 • 史伟堂从苏州朴学大师俞樾手中购得老宅，建宅园，取名南半园，即史氏半园 • 广东陆路提督杨玉科于云南大理建爵府花园，取名西云书院。离任后赠当地为书院，分南庭和西庭	• 浙江宁绍台道顾文彬以所得明尚书吴宽故宅复园废址始建怡园，至1882年全园建成 • 胡恩燮（1824-1892年）辞官归里，于南京购下原明中山王徐达后裔徐傅的别业魏公西园故址，于光绪初年构筑愚园，民间俗称胡家花园。邓嘉缉曾作《愚园记》 • 被誉为晋中大院之首的山西常氏静园完工。始建于乾隆年间 • 徐州人王琴九于今诸达巷东建私园，取名潜园，后毁于战火轰炸	• 1875-1908年间，有唐氏于杭州金沙港建金溪别业，又称唐庄，已毁 • 1875-1908年间，扬州盐商于苏州城内装驾桥弄建宅园，取名残粒园 • 1875-1908年间，广东香山举人刘学询于杭州建宅园，取名水竹居，又名刘庄 • 1875-1908年间，无锡廉惠卿、吴芝瑛夫妇于杭州建宅园，取名蒋庄。廉惠卿、吴芝瑛夫妇于沪西曹家渡苏州河畔也建有宅园，取名小万柳堂 • 1875-1908年间，吴文涛于上海曹家渡西建宅园，取名九果园，又称吴园 • 1875-1908年间，富绅朱朝英兄弟于云南建水建朱家花园，历时30年，至民国再度扩建，是云南著名宅园 • 1875-1908年间，扬州私宅有二分明月楼、魏氏逸园、梅氏逸园、贾氏庭园、小松隐阁、退园、刘氏小筑、金栗山房、飘隐园、梦园、倦巢、桥西别墅、容膝园、毛氏园、魏园、华氏园、熊氏园、李氏小筑等 • 1875-1908年间，江西人盐商卢绍绪于扬州建意园，为扬州最大住宅，为后期盐商豪宅代表 • 1875-1908年间，江西盐商集资于扬州南河下街建江西会馆，庚园 • 1875-1908年间，扬州商界集资所建扬州公园 • 1875-1908年间，潘氏于苏州城西庙堂巷建畅园 • 1875-1908年间，兵部尚书崇礼建宅园，名为崇礼花园 • 1875-1908年间，湖州人吴云筑宅园于苏州，因园内有古枫婆娑，名听枫园	• 耦园落成。耦园的前身为涉园，建于清初，后毁于兵燹，1874年苏松太道道台沈秉成购得废园，聘清画家顾沄设计，扩地营构，建成现状，易名耦园 • 文人李心怡购得原上海知县曹绿岩宅园，改名也是园	• 吴县盐商张履谦苏州购得东北街拙政园西部汪硕甫故园，重建修葺之后，取名补园。后又请著名曲家、书法家俞粟庐书“补园记” • 山西富户王莱怀扩建其宅园静安园，又名王家花园	• 邓嘉缉为江宁胡恩燮别业作《愚园记》 • 于杭州孤山南麓建朴学大师俞樾（1821-1907年）私宅，取名俞楼。现为俞曲园纪念馆 • 临潼知县沈家祯采用“以工代赈”的方法筹集资金修缮几经被毁和改建的华清宫，更名为环园，并著有《新建温泉驿馆环园记》	• 1879-1885年，记述清末京师顺天府情况的《顺天府志》完成，由万青黎、张之洞等编纂。全书130卷。其中的《京师坊巷志稿》是由学者朱一新所编	• 天津于法租界建海大道花园	• 湖州陆心源宅院中建千甓亭，为书斋式亭园	• 上海第一个由私人集资开设的营业性园林开业，园名申园，位于静安寺附近 • 中国商人张叔和自和记洋行手中购得由英国商人格龙营造为宅园，起名为“张氏味莼园”，又称张家花园。此后，张叔和又对该园屡加增修，至1894年，成为上海私家园林之最	• 何芷舠从湖北汉黄德道台任上壮年致仕，归隐扬州，筹巨资良材建造大型私家住宅园林，取陶渊明“倚南窗以寄傲，登东皋以舒啸”之意境取名“寄啸山庄”，又称何园 • 浙江上虞柴安圃于苏州购得道光年间潘曾琦宅园，重修扩建后，人称“柴园”，又称茧园、绲园 • 巡抚刘锦棠于乌鲁木齐疏浚湖底，取名关湖，正式建园，1887年易名鉴湖，有景点多处 • 于青浦灵园的旧址上建文园	• 状元洪钧集资于苏州虎丘憨憨泉边建拥翠山庄 • 黄遵宪（1848-1905年）于广东梅州县东山小溪唇建宅园，取名人境庐 • 江右刺史刘华邦于岳阳建金鄂书院有书院、文昌亭、藏书楼、讲堂、小阜、桃李、兰圃、泉水、桃花洞、山涧等景，仿白鹿书院，为书院园林 • 1884-1910年，修葺重建曲水园，并增设了放生池、花神堂曲水园等景观，改园名为一文园
	• 刘熙载著《书概》 • 中国近代第一家大型航运企业——轮船招商局简称招商局在上海正式开业	• 思想家冯桂芬（1809-1874年）卒				• 中国近代第一所新式小学“正蒙书院”在上海创办	• 上海圣约翰大学正式开学			• 中国人自办的第一家近代石版印刷图书出版机构同文书局由徐鸿复、徐润等集股设立于上海	•《苏州府志》于作者冯桂芬去世后付梓出版 •《运渎桥道小志》成书，该书是《金陵琐志五种》中最早完成的一册	• 英商安纳斯·美查主办的石印画报《点石斋画报》在上海创刊，吴友如主绘。1894年停刊
	• 因为愚园与苏州狮子林类似，故有“金陵狮子林”之称，在中国园林史上占有极为重要的地位											

清朝

1890年

1885年	1886年	1887年	1888年	1889年	1890年	1891年	1892年	1893年	1894年	1895年	1896年	1897年	1898年
• 扬州建陇西后圃，1922年归于刘氏盐商，更名刘庄 • 安徽省兵备道任兰生，因受弹劾而解甲归田于江苏同里建退思园 • 富绅丁善宝于山东潍坊重金购得旧宅，改建十笏园 • 南浔首富刘镛（1826–1899年）始建私家宅园，取名小莲庄，俗称刘园，最终完工于1924年，历经40年的时间 • 南浔富商张颂贤之子张宝善建私园，取名南浔东园，又名绿绕山庄	• 清漪园开始重建 • 光绪皇帝为表彰中国首位驻夏威夷第一任领事陈芳（1825–1906年）赐建梅溪牌坊于珠海上冲梅溪村 • 上海建最早的城市公共花园，即现在的黄浦公园	• 天津于英国租借内建维多利亚公园，现为解放公园	• 慈禧挪用海军军费修复清漪园，将瓮山改成万寿山，瓮山泊改为昆明湖，而清漪园则改名为颐和园 • 广东建广雅书院 • 清末两代醇亲王奕譞和载沣的王府花园改赐给奕譞。后溥仪生于此，现为宋庆龄居所 • 江苏布政使黄彭年重修苏州可园，成立学古堂，建博约楼，藏书八万卷。临池筑一小亭，取名浩亭 • 盛宣怀扩建留园，增东西二园	• 苏州吴中萧冰黎购得旧宅后改建，俗称萧宅，是甪直古镇现存比较完好的民宅	• 在上海苏州河南建华人公园 • 四明张氏于上海静安寺东北半里许建愚园。五易其主，一度为常州人刘葆良所有，园内有水池、楼阁、小桥、舫亭、敦雅堂、假山、花神阁、动物园、球场、弹子房等，为早期海派园林，20世纪20年代初被毁 • 1890–1894，"江南第一豪宅"无锡薛家花园建成		• 重建河南元代内乡县衙，历时三年竣工，被誉为"天下第一县衙" • 1892年左右，武进县令史千甫于常州圣库原址修建花园，名为意园	• 南翔巢寄园归吴永清所有，改名古巢寄园 • 吴嘉猷作《西园雅集图》	• 张靖山于广东惠州始建宅园，取名小桃园 • 文学家曾朴（1872–1935年）之父在明代钱岱所筑（1541–1622年）私园"小辋川"的遗址上建私宅，取名虚廓居，又名曾园，俗称曾家花园 • 1894–1897年，孙家桢于嘉兴新塍建私园，取名小灵鹫山馆	• 上海建成昆山公园，初名为昆山儿童公园 • 颐和园竣工 • 沈锡龄编撰的《天下名山图咏》四卷刊出	• 陶浚宣筹资仿《桃花源记》利用汉代采石场于绍兴建公共园林，取名东湖，1899年竣工 • 上海工部局建万国商团靶场，后来划出一部分建成公园。1901年扩建为公园式娱乐场，称新娱乐场。后不断改造、扩建，现为鲁迅公园	• 莫放梅于浙江嘉兴平湖始建莫氏庄园，1899年竣工 • 黑龙江齐齐哈尔建成龙沙公园，为中国自建公园之始	• 澳门为纪念航海家华士古达嘉玛建华士古达嘉玛花园 • 肖钦于广东潮阳始建宅园，取名潮阳西园
• 1885–1909年，由《运渎桥道小志》《凤麓小志》《东城志略》《金陵物产风土志》《南朝佛寺志》等组成的《金陵琐志五种》陆续出版。作者陈作霖（1837–1920年）		• 蒋介石（1887–1975年）出生	• 天津至唐山铁路通车	• 国人自办的天津总医院创立 • 第一家官办上海机器织布局建成投产 • 光绪皇帝在颐和园检阅水师		• 王锡祺撰《小方壶斋舆地丛钞》完成并出版，为清代中外地理著作汇钞		• 毛泽东（1893–1976年）出生	• 王锡祺完成《小方壶斋舆地丛钞补编》		• 清政府设立邮局，英国人赫德兼任总邮政司	• 商务印书馆在上海创立 • 王锡祺完成《小方壶斋舆地丛钞再补编》 • 中国人自办的第一家商业银行"中国通商银行"在上海开设	
									• 中日甲午战争爆发 • 孙中山在檀香山创办兴中会				

清朝

1900年

1899年	1900年	1901年	1902年	1903年	1904年	1905年
• 1899-1905年，南浔富商张均衡（1871-1927年），字石铭，于湖州南浔建私宅，取名懿德堂，俗称张石铭旧宅，号称江南第一宅，宅邸建筑风格为中西结合 • 南浔富商庞元济（1864-1949年）于南浔东栅庞公祠堂西建宜园，俗称庞家花园。院墙与张静江的东园仅一墙之隔	• 八国联军入侵北京，使圆明园的建筑和古树名木遭到彻底毁灭 • 天津兴建义金路花园，后改平安公园。在俄租界建俄国花园，在德租界建德国花园 • 八国联军入侵，万春园彻底毁于战乱中 • 颐和园又遭八国联军的破坏，许多珍宝被劫掠一空 • 布政使翁曾桂于常熟建成之园，俗称翁家花园、九曲园		• 苏州端园重建，改称羡园 • 唐绍仪（1860-1938年）于天津建宅园，俗称唐绍仪花园。1916年此园卖与乐达仁，在此创建了天津达仁堂药号，后毁 • 广东商人黄郘平购得位于荔枝湾的旧宅“小田园”，经修改建之后取名“小画舫斋”	• 南京在中山陵附近建我国最早的植物园中山植物园 • 修复颐和园 • 清代北京风土掌故杂记《天咫偶闻》成书，共十卷，作者震钧（1857-1920年）。《天咫偶闻》中有关于北京城内园林的记载，私园如宜伯敦茂才的且园、半亩园、恭亲王府、蝶梦园、恩楚湘先生宅等，寺观园林如法华寺、太平宫、崇效寺、法源寺等	• 两江总督周馥于扬州购得徐氏旧园，重修扩建后，取名小盘谷 • 浙江印人于杭州建西泠印社 • 富商、镜湖医院慈善会主席卢廉若之父于澳门始建卢园，又叫卢廉若公园、娱园、卢家花园、卢九花园。1925年完工 • 犹太富商哈同于上海创建私园，1909年完成，取名爱俪园，又名哈同花园 • 浙江宁绍台道道台吴引孙修建私宅，俗称吴道台宅第，为扬州现存最大的既有宁波民居特色又有扬州民居特色的古住宅建筑群	• 天津建河北公园，初名劝业会，辛亥革命后改天津公园，1928年改天津中山公园，1936年4月改天津第二公园，新中国成立后复名中山公园 • 上海公董局总董府邸建成，又被称为“小白宫”
			•《大公报》在天津创办		•《东方月刊》在上海创刊 • 无线电报开始使用 • 邓小平（1904-1997年）出生 • 正式颁布新学制	• 第一家国家银行大清户部银行开设
• 1899-1900年，义和团运动						• 废除科举制度

清朝

1910年						
1906年	**1907年**	**1908年**	**1909年**	**1910年**	**1911年**	**1912年**
• 无锡和金匮两县乡绅俞仲等集资建无锡的锡金公花园，1911年后定名城中公园 • 直隶布政使增韫，将保定的元代古莲花池改为莲池公园，对外开放。抗日战争和解放战争使公园受损十分严重，后恢复 • 袁世凯命周学熙在天津筹建种植园，1907年开湖建园，名鉴水轩。1932年在种植园上建园， 更名宁园，又称北宁公园 • 天津于日租界建大和公园 • 方唯一集资于昆山建树艺公司，次年辟为公园，取名马鞍山公园。1936年为纪念本乡先贤顾炎武而取名亭林公园	• 高云麟于杭州建别墅红栎山庄，亦称豁庐，俗称高庄 • 丝商宋端甫于杭州建宅园， 取名端友别墅，俗称宋庄，宋家衰败后为闽丝商郭士林所得， 更名汾阳别墅，又称郭庄 • 王一亭以较高价钱买下了上海名园郁氏宜稼堂主的祖居及部分花园，更名为梓园 • 洪鹭汀于苏州城内韩家巷始建鹤园	• 建上海法国公园，又称顾家宅公园，现为复兴公园 • 原为三贝子花园， 即勋臣傅恒三子、 福康安贝子的私园扩建成农事试验场， 栽培植物、 豢养动物之后对外开放， 称万牲园。新中国成立后辟为西郊公园，1955年更名为北京动物园 • 丹阳知县罗良鉴倡建丹阳公园，1914年知县胡为和扩建，1938年毁 • 军机大臣、直隶总督那桐于北京金鱼胡同建那家花园，原名怡园	• 沈志贤于上海黄浦江边购得原昊姓桃园营建私园，名沈家花园，1919年被姚伯鸿所购，改为公园，后更名半淞园，抗战时被日机炸为平地 • 山东提学使罗正钧主持在山东大明湖西南隅建遐园 • 实业家徐润（1838-1911年）于家乡广东珠海拱北北岭村做善举，改建家乡居住环境，同时建私宅，命名为愚园，又称竹石山房 • 1909-1911年，重庆商会首届会长李耀庭（1836-1912年）于重庆建私园，取名礼园，又名宜园，为鹅岭公园的前身	• 唐绍仪（1862-1938年）于珠海唐家湾镇鹅岭北麓始建私园，取名小玲珑山馆。后更名为共乐园 • 香港太古洋行买办华人莫仕扬之孙莫咏虞（1869-1956年） 于珠海香山唐家湾畔的会同村西南建栖霞仙馆 • 扬州惠余钱庄老板李鹤生（1871-1937年）于扬州建逸圃 • 浙江镇海富商叶澄衷之子叶贻铨于上海江湾跑马厅旁建叶家花园。1923年对外开放	• 南京正式开放玄武湖公园 • 上海建汇山公园，后毁 • 佛山七月会堂及公园落成， 为佛山第一所公园	• 上海青浦区马文卿始建庄园式园林建筑，取名课植园，俗称马家花园，1915年建成
• 京汉铁路正式通车		•《钦定宪法大纲》颁布 • 张鸣珂著《寒松阁谈艺琐录》	• 第一次全国人口调查 • 京张铁路通车，由詹天佑设计 • 首座国家图书馆京师图书馆在北京筹建	• 清政府举办南洋劝业会，并开辟一个美术馆，专门展出中国书画与刺绣等作品，为中国现代美术展览之始 •《大清著作权律》颁布 •《小说月刊》在上海创刊	• 保路运动 • 1644-1911年，《岭南即事杂咏》刊刻，作者何惠群	• 刘海粟、乌始光、张聿光等创办上海美术院
					• 武昌起义，辛亥革命爆发，清朝灭亡	• 中华民国成立，孙中山在南京就任中华民国临时大总统

参考文献

1. 周维权．中国古典园林史．3版［M］．北京：清华大学出版社，2008.
2. 罗哲文．中国古园林［M］．北京：中国建筑工业出版社，1999.
3. 汪菊渊．中国古代园林史（上、下卷）［M］．北京：中国建筑工业出版社，2006.
4. 楼庆西．中国园林［M］．北京：五洲传播出版社，2003.
5. 王其钧．图说中国古典园林史［M］．北京：水利水电出版社，2007.
6. 储兆文．中国园林史［M］．北京：中国出版集团，东方出版中心，2008.
7. 耿刘同．中国古代园林［M］．北京：商务印书馆，1998.
8. 王其钧．画境诗情：中国古代园林史［M］．北京：中国建筑工业出版社，2011.
9. 中国社会科学院语言研究所词典编辑室编．现代汉语词典．6版［M］．北京：商务印书馆，2013.
10. 游泳．园林史．2版．［M］．北京：中国农业科学技术出版社，2009.
11. 曹林娣．园庭信步——中国古典园林文化解读［M］．北京：中国建筑工业出版社，2011.
12. 衣学领．苏州园林历代文钞［M］．上海：上海三联书店，2008.
13. 衣学领．苏州园林山水画选［M］．上海：上海三联书店，2007.
14. 衣学领．苏州园林名胜旧影录［M］．上海：上海三联书店，2007.
15. 陈从周，蒋启霆选编．园综［M］．上海：同济大学出版社，2004.
16. 杨洪勋．江南园林论［M］．北京：中国建筑工业出版社，2009.
17. 陈从周．中国园林鉴赏辞典［M］．上海：华东师范大学出版社，2001.
18. 吴功正．六朝园林（六朝丛书）［M］．南京：南京出版社，1992.
19. 李浩．唐代园林别业考论［M］．西安：西北大学出版社，1996.
20. 安怀起．中国园林史［M］．上海：同济大学出版社，1991.
21. 郑天挺，谭其骧．中国历史大辞典［M］．上海：上海辞书出版社，2010.

22. 陈允敦．泉州古园林钩沉［M］．福州：福建人民出版社，1993.
23. 郭俊纶．清代园林图录［M］．上海：上海人民美术出版社，1993.
24. 魏嘉瓒．苏州历代园林录［M］．北京：北京燕山出版社，1994.
25. 许浩．江苏园林图像史［M］．南京：南京大学出版社，2016.
26. 吴世昌．罗音室学术论著［M］．北京：中国文艺联合出版公司，1984.
27. 余开亮．六朝园林美学［M］．重庆：重庆出版社，2007.
28. 邵忠．苏州历代名园记苏州园林重修记［M］．北京：中国林业出版社，2004.
29. 陈从周．苏州旧住宅［M］．上海：上海三联书店，2003.
30. 朱江．扬州园林品赏录［M］．上海：上海文化出版社，2002.
31. 天津大学建筑学院．中国古典园林建筑图录——北方园林［M］．南京：江苏凤凰科学技术出版社，2014.
32.《中国大百科全书》总编委会．中国大百科全书［M］．2版．北京：中国大百科出版社，2009.
33. 万国鼎．万斯年，陈梦家，补订．中国历史纪年表［M］．北京：中华书局，1978.
34. 詹子庆，曲晓范．新编中国历史大事年表［M］．北京：作家出版社，2010.
35. 宁晶．中国园林史年表［M］．北京：中国电力出版社，2014.
36. 宁晶．中国园林史年表修订版［M］．北京：中国电力出版社，2016.

作者简介

宁晶　博士

北京服装学院艺术设计学院 教授
2001年以《居住环境的构成要素与人口分布的非均质性的研究》论文获得日本东京大学博士学位。
2003年至今执教于北京服装学院艺术设计学院。

出版的主要著作有《居住环境解析》《日本庭园文化》《日本庭园读本》《中国园林史年表》及《中国园林史年表（修订版）》《中国庭园全史》等，翻译出版的国外学术著作有《建筑意匠十二讲》《聚落探访》《系统·构造的细部》《环筑》等。